Key Technologies for construction of
non-engineering measures for prevention
and control of mountain torrent disasters

山洪灾害防治非工程措施
建设关键技术

刘 超 马 浩 刘怀利 马 顺 王铭铭 著

中国科学技术大学出版社

内 容 简 介

本书在系统总结安徽省山洪灾害防治非工程措施建设项目前期设计和实践工作的基础上,提出了一套较完备的山洪灾害防治非工程措施理论技术体系。结合典型调查案例对山洪灾害调查评价开展流程及技术要点进行了详细阐述;对雨水情自动监测站、视频图像自动监测站、预警设施设备建设过程中可能遇到的技术难题进行了总结并给出了具体解决方案;对平台软件、数据整编、县级防汛平台提出了典型设计方案;对系统建成后运行维护的方法和技术要求进行了说明。

本书反映了目前我国山洪灾害防治非工程措施研究方面的最新成果,可供水利、防汛、国土等相关部门的研究与技术人员、管理人员和决策人员以及大专院校相关专业师生参考。

图书在版编目(CIP)数据

山洪灾害防治非工程措施建设关键技术/刘超,马浩,刘怀利等著. —合肥:中国科学技术大学出版社,2020.11

ISBN 978-7-312-05024-4

Ⅰ.山… Ⅱ.①刘…②马…③刘… Ⅲ.山洪—灾害防治—研究 Ⅳ.P426.616

中国版本图书馆 CIP 数据核字(2020)第 124694 号

山洪灾害防治非工程措施建设关键技术
SHANHONG ZAIHAI FANGZHI FEI GONGCHENG CUOSHI JIANSHE GUANJIAN JISHU

出版	中国科学技术大学出版社
	安徽省合肥市金寨路 96 号,230026
	http://press.ustc.edu.cn
	http://zgkxjsdxcbs.tmall.com
印刷	安徽国文彩印有限公司
发行	中国科学技术大学出版社
经销	全国新华书店
开本	710 mm×1000 mm 1/16
印张	12.5
字数	266 千
版次	2020 年 11 月第 1 版
印次	2020 年 11 月第 1 次印刷
定价	58.00 元

前　言

　　山洪灾害是指山丘区由于降水而引发某类自然灾害的表现形式,在有些条件下可能伴随泥石流与滑坡现象。在山丘区由于水库坝体、河流堤防、拦洪设施溃决等因素突然诱发的洪水也称作山洪。由山洪暴发而给人们带来的危害有人员伤亡、财产损失、基础设施毁坏及环境资源破坏等。安徽省地形多样,气候多变,降雨时空分布不均,山洪灾害频繁,局部性山洪灾害几乎年年都会发生,全省性的山洪灾害也不乏其例,这已成为制约安徽省经济社会发展的重要因素。特别严重的案列是2005年:受第13号台风"泰利"影响,安徽省大别山区出现历史罕见超强度降水。台风暴雨引发山洪、泥石流、滑坡、洪涝等多种灾害,致使六安、安庆等7市27个县区发生灾情,全省受灾人口达677万人,因灾死亡81人,失踪9人,紧急转移安置46.46万人。

　　为了保障山丘区人民生命财产安全,实现我国经济社会的全面发展,水利部会同财政部等部、局启动了全国山洪灾害防治县级非工程措施项目建设,初步建成覆盖全国2 058个县的山洪灾害监测预警系统和群测群防体系(安徽省42个县区位列其中)。该体系在近年的汛期中发挥了显著的防洪减灾功能,有效减少了山洪灾害造成的人员伤亡和财产损失。

　　安徽省(水利部淮委)水利科学研究院作为从事水利科研的专业机构和公益性事业单位,一直致力于水旱灾害防御信息化的研究和实践。承担了上百项县级山洪灾害防治非工程措施的方案编制工作,其中《安徽省舒城县山洪灾害防治非工程措施提升实施方案》被列为全国示范方案。本书在系统总结安徽省山洪灾害防治非工程措施建设项目前期设计和实践工作的基础上,提出了一套较为完备的山洪灾害防治非工程措施理论技术体系。书中还结合安徽省实际对山洪灾害调查评价流程及技术要点进行了详细阐述;对雨水情自动监测站、视频图像自动监测站以及预警设施设备实施过程可能遇到的技术难题进行了总结并给出了具体解决方案;对平台软件、数据整编、县级防汛平台作出了典型设计;对系统建成后的运行维护方法及技术要求进行了说明。本书反映了目前我国山洪灾害防治非工程措施研究方面的最新成果,可供水利、防汛、国土等相关部门的科技人员、管理人员、决策人员以及大专院校相关专业师生参考。

本书共分8章,第1章为绪论,主要介绍安徽省水旱灾害防御基本情况、山洪灾害成因、防灾形势与山洪灾害防治非工程措施建设的必要性;第2章为总体建设方案,明确系统建设应遵循的相关原则和依据,重点对系统的技术构架从总体框架、数据流程、业务流程进行了详细设计;第3章为调查评价,主要介绍山洪灾害调查以及评价的流程和技术要点;第4章为信息监测,详细介绍山洪灾害防治监测体系建设中雨水情监测站点、视频图像监测站点建设的技术要求、设施要求以及站点设备配置要求;第5章为监测预警平台,主要介绍山洪灾害监测预警平台、防汛基础数据整编、县级防汛平台升级的建设任务、相关软件功能、技术路线等;第6章为预警信息发布,主要介绍山洪灾害预警信息发布的相关知识,对防汛信息展播、无线预警广播、学校预警设备、简易雨量(报警)器配置、简易水位站建设、人工预警设备等的技术路线进行了详细阐述;第7章为群测群防,主要介绍建立健全责任制体系、编制县乡村山洪灾害防御预案、宣传、培训、演练等群测群防体系建设内容;第8章为系统运行维护,主要介绍系统运行维护的模式、流程和方法,测算核定系统运维费用。

本书在编写过程中主要参考了《全国山洪灾害防治规划》《山洪灾害调查技术要求》《山洪灾害分析评价技术要求》等文件、著作和技术标准,引用较多的是山洪灾害基础知识和技术规定。本书的编写得到了安徽省水利厅、安徽省(水利部淮委)水利科学研究院等单位领导和专家的支持,中国科学技术大学出版社对本书的完成提供了很大帮助,在此一并致谢。

本书主要编写人员为刘超、马浩、刘怀利、马顺、王铭铭,其他相关的研究与编写人员还有杨玉喜、陈璞、郭鑫、方婧、王妍、商笑妍、沈超、徐浩、贾飞、赵辉、方应东、谢力、刘方等。由于作者水平有限,加之时间仓促,书中难免存在不足之处,望业界专家学者、同行以及广大山洪灾害防治工作者提出宝贵意见。

作　者
2020 年 8 月

目　　录

第1章 绪 论

1.1 概 况

1.1.1 基本情况

安徽省位于中国东南部,在东经 $114°45'\sim119°37'$,北纬 $29°41'\sim34°38'$ 之间。东西宽约 450 km,南北长约 570 km,总面积 13.94 万 km^2,约占全国总面积的 1.45%,居华东第 3 位,全国第 22 位。安徽省地形多样,气候多变,降雨时空分布不均,洪涝灾害频繁,成为制约安徽省经济社会发展的主要因素。近年来的山洪灾害损失统计资料表明,山洪灾害随着山区经济的发展,城镇和工矿企业建设规模的扩大,灾害造成的危害越来越重,损失也越来越大。

安徽省地势西南高、东北低,地形地貌南北迥异,复杂多样,山洪灾害主要集中在皖南山区和大别山区。大别山区位于江淮之间的西部,由于地面长期断块上升,基岩又多为坚硬耐蚀的花岗岩、片麻岩和其他变质岩,山体较高,坡度较陡,其中 1 000 m 以上且坡度大于 $25°$ 的山地占有相当高的比例。因坡度较陡,花岗岩、片麻岩风化后,多成为易滑动的石英砂砾,故山体植被一旦被破坏,水土就极易流失,遇到长时间的强降雨作用,极易形成滑坡或泥石流。而皖南丘陵山地位于省境南部,成因于地面上升,尤其是在黄山到牯牛降一带和九华山等地,基岩为坚硬耐蚀的花岗岩,故山体高度较大,海拔多超过 1 000 m。在这些山地的四周,尤其是在北部和沿江平原相邻的地区,基岩多易风化、侵蚀,故成为低山、丘陵,并有大量开阔的谷地、盆地,这些地区也极容易出现山洪灾害。

1.1.2 水文气象

1.1.2.1 气候概况

安徽省南跨长江,北越淮河,在中国气候区划中处于气候过渡带上,淮河以北属温带半湿润季风气候,淮河以南属亚热带湿润季风气候。主要的气候特点是:季风明显、四季分明、气候温和、雨量适中、春温多变、秋高气爽。此外,梅雨显著,夏雨集中,汛期暴雨频繁,容易引发洪涝灾害。但梅雨结束即主雨带移出安徽后,又易发生干旱。

安徽省多年平均降水量自北向南递增:淮北 800～900 mm,江淮之间 900～1 500 mm,江南 1 200～2 100 mm。两个多雨区分别为大别山区和黄山山区,多年平均降水量分别在 1 500 mm 及 2 100 mm 以上,全年雨日分布大致和年雨量分布相对应。全省降水量的年际变化趋势明显,年降水量 C_v 值为 0.13～0.34。降水量最多年与最少年之比,淮河流域为 2～6,长江流域为 2～4;年内雨量分布为多年平均汛期最大 4 个月总雨量占全年总雨量的比例由南向北递增,其中大别山区、江淮丘陵区、皖南山区的比例为 50%～55%,淮河流域南部为 55%～60%,中部为 60%～65%,北部在 65% 以上。最大月降水量一般出现在 6、7 月份。

全省多年平均水面蒸发量自北向南递减。淮北平原蒸发量最大,为 900～1 100 mm(E601 蒸发器观测,下同);江淮丘陵区次之,为 800～1 000 mm;大别山区和皖南山区最小,为 750～850 mm。水面蒸发量在一年中的变化基本上相关于各月的温、湿、风的变化。随地区不同,多年平均月最大蒸发量一般在 6～8 月份,多年平均月最小蒸发量一般在 1 月份。

1.1.2.2 致洪暴雨环流背景

安徽省洪涝灾害出现的环流背景以对主雨带稳定在江淮地区和产生频繁暴雨有利的天气形势为主,有以下两种:

第一是梅雨反常,即降水持续时间长、雨量大、降水集中、强度大,其环流条件是:亚洲及西北太平洋上空形势比较稳定,安徽省上空长期处于冷暖空气交汇区;表现在西太平洋副热带高压的强度和脊线较长时期保持在有利于向江淮输送水汽的最佳强度和位置(脊线在 18°～25°N,西脊点在 100°～120°E);亚洲中高纬度往往维持阻塞高压,经向环流显著,而中纬度环流比较平直,无强冷空气南侵,但小波动频频东传影响安徽。在这种形势下,主雨带长期静止或摆动于长江中下游,低压扰动不断东传;高空槽东移过程中,如湘、鄂、赣西一带低空西南风常在 12 m/s 以上,急流中心前方气流辐合比较强,最易引发次天气尺度系统,从而造成暴雨或大暴雨。当这种环流形势长期稳定维持时,相应雨带也稳定于江淮地区,造成大范围的严重洪涝。

第二是台风低压深入安徽,在特定的环流形势下不能顺利地移出,而且移速减慢,甚至停滞、打转,一旦北方又有弱冷空气南下,再加上多种尺度的天气系统叠加和地形影响,一些地方便可出现大暴雨或特大暴雨。安徽日降雨量超过 400 mm 的特大暴雨多是台风低压所造成的,进而会引发严重水涝和山洪,如 7504 号台风在滁州、来安、明光一带就造成严重洪涝灾害。

1.1.2.3　河流水系

安徽省位于华东地区,分属淮河、长江、钱塘江三大流域,其中淮河、长江干流横贯省境,钱塘江支流新安江发源于省内黄山山区。全省范围内中、小河流众多,流域面积在 30 km² 及以上的河流有 1 035 条,100 km² 及以上的河流有 418 条,1 000 km² 及以上的河流有 71 条,3 000 km² 及以上的河流有 21 条,5 000 km² 及以上的河流有 12 条。安徽省平均河网密度约为 0.4 km/km²。省内常年水面面积 1 km² 及以上的湖泊有 128 个,均为淡水湖泊,水面总面积 3 505 km²;10 km² 及以上湖泊有 42 个,水面总面积 3 229 km²;100 km² 及以上湖泊有 11 个,水面总面积 2 024 km²;500 km² 及以上湖泊有 2 个,水面总面积 832 km²(其中巢湖 774 km²,为我国五大淡水湖之一,高邮湖在安徽省境内仅为58 km²)。

淮河自西向东流经安徽省境,上起豫皖边界的洪河口,下至皖苏边界的洪山头,全长 431 km,流域面积 6.69 万 km²,分别占全省面积的 48.0% 和淮河流域总面积的 35.8%;长江流经省境,左岸上起湖北省上段窑,下至和县驻马河口(即驷马山引江水道),全长 416 km,流域面积 6.6 万 km²,分别占全省面积的 47.3%、长江流域总面积的 3.7% 以及长江下游面积的 50% 以上;钱塘江始于安徽省休宁县六股尖山,下至街口以上,河长 242.3 km,流域面积 0.65 万 km²,占全省面积的 4.7%。

1.1.2.4　径流

安徽省地表径流以大气降水补给为主,其年内变化、年际变化、区域变化特点和降水相似:年内分配集中,年际变化幅度大,地区分布自北向南递增,淮北最小,大别山区和皖南山区较大,尤以皖南山区最大。全省多年平均径流深为 100～1 200 mm,皖南局部山区多达 1 400 mm 以上。全省平均年径流系数为 0.39,自北向南递增,淮北平原为 0.11～0.30,沿江地区为 0.35～0.45,大别山区为 0.45～0.55,皖南山区为 0.60～0.70。

径流的年内分配由于受降水、下垫面条件等因素的影响,在时间上表现出较大的差异性。径流主要集中在汛期,淮北地区连续最大 4 个月径流量占年径流量的 70%～80%,其他地区为占 60% 左右。由于径流受到下垫面等较多因素的影响,其年际变化的变幅较降水量大得多,地区性差异显得更为突出。年径流的 C_v 值由北向南递减,北部砀山、亳州一带为 0.90,沿长江干流和江淮中部地区为 0.50 左右,江南和大别山区 C_v 值均小于 0.40。

1.1.3　地形地质

1.1.3.1　地形

安徽省地处黄淮海平原南缘、秦岭东延余脉、长江中下游平原和江南丘陵北部的交变地带,地势南高北低,地貌类型复杂多样,山地、丘陵、平原俱全,分别占全省面积的 22%、12%、62%(不包括 4% 的水域面积)。可分为淮北平原、江淮波状平原、皖西山区、沿江丘陵平原、皖南山地五大地貌区。

淮北平原位于安徽省北部,为黄淮海平原南缘,包括淮河以北地区及淮河南部霍邱、寿县的河漫滩区,除东北部分标高 50~300 m 的低山丘陵外,其余为标高20~40 m 的平原,平原北部广泛分布全新世黄河决口形成的黄泛堆积物,现代河流两侧出露全新世的砂和亚砂土,厚度一般小于 10 m,标高 20~40 m。

江淮波状平原西始省境,东至明光—肥东桥头集一线,南起大别山麓,北近淮河,包括北部丘陵波状平原、中部波状平原、南部丘陵浅丘状平原。地貌类型主要是丘陵和平原。丘陵主要集中分布在北部和南部,并零散分布于平原之上,呈东西向展布,标高 100~300 m。平原主要分布于中部,标高 20~100 m,主要由中更新世的黏性土构成。

皖西山区位于安徽省西部皖豫鄂边境,即大别山主体部分。地势南高北低。北部为标高 300~500 m 的低山丘陵,受东西向断裂切割,呈近东西向展布。南部为标高 500~1 000 m 的中山、低山,少数山峰标高超过 1 000 m,另有若干大小盆地和谷地被中低山环绕。

沿江丘陵平原北临江淮波状平原和皖西山地,南接皖南山地,主要由沿江平原、江北丘陵、波状平原和江南丘陵浅丘状平原组成。江北丘陵呈北北东向展布;波状平原向东南倾斜;江南丘陵浅丘状平原向东北渐低,中部平原向东北缓倾。沿江平原标高 10~60 m,波状平原标高 20~80 m,丘陵标高 100~500 m。

皖南山地位于安徽省南部,由黄山中山、低山,九华山中山、低山,白际山—天目山中山、低山及屯溪—祁门丘陵平原组成,山地、丘陵、平原俱全。山体主要呈北东向延伸,地势以三条山脉的山脊为中心向外倾斜。山间盆地和谷地标高 100~250 m,丘陵及低山标高 250~1 000 m。黄山莲花峰高达 1 873 m,为安徽省最高峰。

1.1.3.2　地质

1. 地层

安徽地区自太古代以来各时代地层均有不同程度发育,大体上可分为华北、北淮阳、扬子三个地层区。

华北地层区位于六安—肥西以北、嘉山—庐江以西。上太古界及下元古界主要为变质岩系,见于蚌埠、五河、霍邱一带。青白口、震旦、寒武、奥陶纪地层,除青白口系和震旦系下部及中下寒武统间夹碎屑岩外,主要为碳酸盐岩,分布于淮北、宿州、淮南、定远等地。石炭系上统至三叠系下统主要为海陆交互煤系地层,主要分布于两淮地区。侏罗系至第三系主要为碎屑岩,仅在江淮丘陵区零星出露。

北淮阳地层区北临华北地层区,主要岩性为片麻岩、石英片岩、千枚岩、变质砂岩等,分布于舒城、六安、霍山、金寨等地。侏罗系中统至第三系主要为碎屑岩,其中晚侏罗世至早白垩世有火山岩产出,岩性为安山岩、粗面岩类,分布于大别山北麓。

扬子地层区位于上述两区东南,上太古界及中下元古界主要为片麻岩、大理岩、千枚岩、变火山岩等,分布于肥东、张八岭、宿松及大别山区。震旦纪下统主要为千枚岩、变质砂岩,上统主要为灰岩、白云岩,分布于滁州—巢湖一带。寒武、奥陶纪及石炭系上统主要为碳酸盐岩,志留系、泥盆系五通组及石炭系下统主要为碎屑岩,二叠纪为碳酸盐岩夹碎屑岩,分布于沿江一带。中元古界、青白口纪历口群主要为变质砂岩、千枚岩、变火山岩,震旦系至志留纪主要为碎屑岩,其中震旦纪上部及寒武纪为碳酸岩及碎屑岩上石炭统以灰岩为主,二叠纪以砂页岩为主。中生界下三叠统以碳酸盐岩为主,其余以碎屑岩及火山碎屑岩为主,分布在整个皖南地区。

华北和扬子两个地层区的第四纪地层发育大致以六安深断裂和嘉山—庐江断裂为界。淮河以北第四纪地层厚数十米至百余米,淮河以南第四纪地层厚度一般小于 40 m,地表为中更新世的亚黏土,沿河两侧为全新世的亚黏土。在沿江的皖南地区,第四纪地层不甚发育,仅分布于山麓及河谷中,厚度一般小于 50 m,局部达 100 m,主要为中更新世的亚黏土,全新世的亚黏土、亚砂土及沙砾石层。

2. 岩浆岩

安徽省岩浆活动频繁,岩浆岩出露面积达 1.3 万 km^2。主要有侵入岩、火山岩和潜火山岩,其中多数为侵入岩,并以中、酸性岩类占绝对优势。

3. 构造

安徽省在大地构造上分属中朝准地台、秦岭地槽褶皱系和扬子准地台 3 个一级构造单元的部分。全省共发育深切岩石圈的深断裂 13 条,延伸数十公里,具有一定区域意义的大断裂 29 条。深大断裂在发育方向上有一定规律性,按其延伸方向可分为东西向、北北东向、北东向、南北向、北西向 5 个系列。安徽省新构造运动比较普遍,基本上表现为断块差异性升降运动,具体可划分为大面积沉降运动、大面积上升运动和断裂运动三种类型。

1.1.3.3 含水岩组及其富水性

根据地下水赋存介质的岩石类别和组合不同,可划分出松散岩类孔隙含水岩组、碳酸盐岩类裂隙岩溶含水岩组、碎屑岩类孔隙裂隙含水岩组、岩浆岩类裂隙含水岩组、变质岩类裂隙含水岩组。

松散岩类孔隙含水岩组分布在淮北、江淮、沿江平原及山间盆地中,面积占全省的60%以上。其岩性在淮河以南有晚第三纪及早更新世的砂砾夹黏性土,中更新世的泥砾、黏土和全新世的黏性土及砂砾石层;淮北平原为巨厚的晚第三纪和第四纪的黏性土与砂互层。深部砂砾层发育。淮北平原和江淮、沿江平原单井涌水量一般是240~1 000 m³/d,山间谷地地段一般小于120 m³/d。

碳酸盐岩类裂隙岩溶含水岩组主要由沿江、沿淮、淮北北部丘陵及皖南山地北部的各类灰岩、白云岩夹少量砂页岩组成,出露面积6 500 km²,另有顶板埋深小于200 m、面积约700 km²(大部分在淮北)。强岩溶带埋深100~250 m。该类含水岩组含水不均,一般承压、单井涌水量200~700 m³/d,淮北等地的富水地段可达2 400~12 000 m³/d。

碎屑岩类孔隙裂隙含水岩组分布于沿江、大别山北麓丘陵、皖南山地北部及浅埋于江淮波状平原下,包括各类粗砂岩、细砂岩、粉砂岩和页岩。单井涌水量一般不足100 m³/d。

岩浆岩类裂隙含水岩组中,侵入岩分布于皖南山地、平原及沿江丘陵,主要岩性有花岗岩、花岗闪长岩、闪长岩;喷出岩主要分布在沿江和大别山北麓丘陵地区,以中性和中基性岩为主。单井涌水量一般小于100 m³/d。

变质岩类裂隙含水岩组分布于皖南、皖西山地及沿江、沿淮丘陵,包括各类混合岩、花岗片麻岩、千枚岩、板岩及大理岩。单井涌水量一般小于100 m³/d。

1.1.3.4　岩土体工程地质特性

安徽省岩土体按其成因可分为岩浆岩建造、沉积岩建造、变质岩建造和土体四种类型。

1. 岩浆岩建造

分布总面积约13 000 km²,岩性以花岗岩、花岗闪长岩、玄武岩、安山岩、凝灰岩、凝灰质角砾岩等为主,多呈块状或厚层状,力学强度大,抗压强度36~200 MPa。分布在皖南及皖西山地的花岗岩,岩石表层易风化,风化壳深度一般小于10 m,易引起崩塌和水土流失。

2. 沉积岩建造

依其岩性组合,又可分为砂岩和泥岩岩组、碳酸盐岩为主的碳酸盐岩和碎屑岩互层岩组。前者抗压强度为20~150 MPa,后者为30~182 MPa。分布总面积30 000 km²。分布于宁国、贵池、石台等地的奥陶纪、志留纪的砂岩、泥岩,具有薄层状结构,易产生崩塌、滑坡等灾害。东至、石台、宁国、绩溪等地的寒武纪休宁组砂页岩及泥岩,由于存在软弱夹层,也易产生顺层滑坡;皖北、沿江及皖南地区的寒武纪、奥陶纪、石炭纪—三叠纪碳酸盐岩岩溶较发育,在城市工矿集中供水和矿山疏干排水区易引起岩溶塌陷灾害。

3. 变质岩建造

又可分为混合岩、片麻岩为主的岩组和千枚岩、板岩为主的岩组,抗压强度为57~207 MPa,分布面积 7 000 万 km²。分布于大别山区的片麻岩类和皖南山区、沿江北侧的张八岭地区的千枚岩、片岩、板岩等,具薄层或页片状结构,岩性脆弱,易产生崩塌、滑坡等灾害。

4. 土体

土体以淮河流域分布最广,次为长江流域,分布面积近 80 000 km²,主要为黏性土及砂类土,砾类土地表出露面积不足 600 km²。除特殊类土外,一般具有良好的工程地质性质,承载力一般为 200~500 MPa。

1.1.4 防洪现状

新中国成立以来,经过长期的大规模水利建设,安徽省初步建立起防洪、除涝、抗旱等工程体系,水利工程抗御水旱灾害的能力显著增强。已建成各类堤防总长20 000 km、水库 5 290 座;列入国家名录的蓄滞洪区共 24 个,其中淮河流域 19 个、长江流域 5 个;水闸 1.09 万座、机电排灌站 1.63 万处;建设万亩以上灌区 397 处。同时,非工程体系也逐步完善。

1.1.4.1 工程体系

一是长江、淮河干堤防洪基本达标。长江干堤加固后,其一、二级堤防可防御1954 年型长江洪水;14 项治淮骨干工程的建成,使淮北大堤堤圈及淮南、蚌埠城市防洪堤防洪能力达到 100 年一遇级别。

二是沿江、沿淮排涝能力明显加强。沿江排涝泵站工程建设,明显提高了沿江圩区的防洪排涝标准,沿淮湖洼地及支流治理工程,使沿淮洼地及重要支流的排涝能力进一步提升。但排涝标准仍然不足,沿江地区只有 7 年一遇级别,沿淮地区不足 5 年一遇级别。

三是水库防洪能力有效提升。完成国家规划内 295 座大、中型及重点小型病险水库除险加固,安徽省计划内小型病险水库除险加固已完成竣工验收 1 099 座,解除了一大批水库的自身隐患,提高了水库防洪能力。但仍有 2 000 多座小水库还未实施除险加固。

四是城市防洪标准大大提高。合肥、淮南、安庆、芜湖、蚌埠 5 座全国重点防洪城市中,合肥、淮南、蚌埠防洪标准已达到 100 年一遇级别,安庆、芜湖可以防御1954 年型长江洪水。马鞍山、铜陵、黄山和阜阳 4 座重要防洪城市中,马鞍山、铜陵两市可以防御 1954 年型长江洪水,黄山市城区防洪标准已达 30 年一遇级别,阜阳市城市防洪标准已达 50 年一遇级别。池州、六安城市防洪标准达 50 年一遇级别,淮北、亳州、宿州、滁州、宣城城市防洪标准达 20～50 年一遇级别。但部分中、小城镇的防洪标准仍然偏低。

1.1.4.2　非工程体系

一是防汛抗旱组织机构逐步健全。安徽省于 1953 年开始成立省防汛抗旱指挥部(简称"省防指"),并根据人事变动情况,每年汛前对指挥部成员进行调整。目前省防指由省军区、省武警总队及省直有关部门等 30 个单位组成,每个单位都有相应的职责、任务。目前,市、县、乡镇三级均成立防汛抗旱指挥部(简称"防指"),市、县两级均设立防汛抗旱办公室,为"防指"的常设办事机构。

二是防汛抗旱责任体系逐步强化。各级均建立了行政首长负责制为核心、各部门分工负责以及技术责任制为支撑的防汛抗旱责任体系,覆盖江河堤防、各类水库、行蓄洪区、江心洲等防汛抗旱主要工程以及重点区域。汛期,实行省政府领导及有关部门负责同志分工负责制,省政府主要领导对防汛抗旱工作负总责,各位副省长分段负责长江、淮河堤防防汛。2008 年,省政府将省领导防汛分工由线扩大到面,由单一防汛扩大到既负责防汛,又负责抗旱。

三是防汛抗旱应急队伍逐步加强。目前,安徽省防汛抗旱队伍主要分为群众性防汛抢险队伍、专业应急队伍(防汛机动抢险队)、解放军和武警部队三个部分。群众性防汛抢险队伍以当地水管单位职工和群众为主,按"三线"水位要求上堤巡查和抢险。目前已建立省级防汛机动抢险队 14 支。防汛机动抢险队配备专业设备,主要承担技术性较强、群众性防汛抢险队伍不能完成的抢险任务。目前已建有县级以上抗旱服务队 90 支、乡镇级抗旱服务队 244 支。同时,建立了军民联防制度,一旦发生大洪水,可以请求解放军和武警部队参加抗洪抢险,以发挥突击队、主力军作用。

四是防汛抢险物资储备能力逐步增强。根据"分级负责,分级管理"的原则,省、市、县、乡镇均要储备防汛物资。本着就近使用、方便调用的原则,对块石、导渗料等地方性物资实行沿堤线分布式储备。对防汛用袋、土工材料、救生器材等非地方性物资实行相对集中储备。各市、县防指自行筹集的防汛物资主要有砂石料、块石、防汛用袋及桩木等。同时,开展常用防汛物资的社会号料工作。

五是防汛抗旱预案方案体系逐步完善。先后编制了《全省防汛抗旱应急预案》《全省抗旱预案》《全省防台风工作预案》《全省防御大洪水方案》等,对组织指挥体系、灾害等级划分、应急响应措施等作了具体规定。编制了长江、淮河及主要支流、有关湖泊洪水调度方案及蓄滞洪区、水库运用方案。编制了山洪灾害危险区、长江江心洲及外滩、行蓄洪区等高风险区基层人员转移安置方案。编制了抗旱灌溉提水、引水、调水方案。"横到边,纵到底",防汛抗旱预案、方案体系日趋完善。

六是防汛抗旱信息化水平逐步提高。建成了省级厅级单位—市级(厅直单位)—县级的水利专网,并且与水利部、流域机构、省委、省政府互联互通。防汛抗旱指挥系统建设了信息采集、移动应急指挥平台,计算机网络与安全、数据汇集平台,应用支撑平台,防汛抗旱综合数据库和业务应用系统等。开发了中小河流洪水预报系统,洪水预报准确率达到90%。新建完成42个山洪灾害防治县山洪灾害预警系统,并与省市互联互通。新建全省中小水库GPS定位巡查系统,实现对全省104座中型水库和550座小型水库的汛期值守情况实时掌控。

1.2　山洪灾害成因

安徽省山洪灾害防治区总面积约 45 000 km^2,涉及 9 个市、42 个县(市、区)、444 个乡镇、3 737 个行政村,涉及人口近 1 000 万人。安徽省内山洪灾害的主要成因归纳起来有以下几个方面:

1. 气候原因

规划区属中亚热带向北亚热带过渡地区,区域内降雨量年际变化大,年内分配亦极不均匀,一旦进入梅雨季节,便是阴雨连绵,暴雨频发。

2. 地形地貌条件

规划区地处安徽省大别山区和皖南山区,地形坡度大,地貌条件复杂。

3. 地质背景

大别山区位于江淮之间的西部,由于地面长期断块上升,基岩又多为坚硬耐蚀的花岗岩、片麻岩和其他变质岩,山体较高,坡度较陡,因山高坡陡,花岗岩、片麻岩风化后,多呈易滑动的石英砂砾,故山体植被一旦被破坏,水土就极易流失,再遇到长时间的强降雨极易形成滑坡或泥石流。皖南山区基岩为坚硬耐蚀的花岗岩,故山体高度较大,海拔多超过 1 000 m。在这些山地的四周,尤其是在北部和沿江平原相邻的地区,基岩多易风化、侵蚀,故成为低山、丘陵,并有大量开阔的谷地、盆地,这些地区也极易形成山洪灾害。

4. 河流水系条件

山区小流域因流域面积小,降雨时地表径流汇流时间短,加上河道调蓄能力弱,坡降大,在极短的时间内即汇集成溪河洪水,洪水历时短,一般历时几小时到十几小时,很少能达到一天,但涨幅大、洪峰高,由于水量集中,破坏性较大,极易造成灾害。

5. 工程设施标准低

大部分河沟均是自然状态,堤防标准低或无堤防,河槽淤积,有些撇洪沟堤身单薄,一遇山洪,水位骤涨,堤防经常出现滑坡漫坡。山丘区水库、塘坝现有防洪能力不高,削减洪峰能力有限,且工程大多带病运行。

6. 人为活动对自然环境的破坏和干扰

流域内由于人为因素,森林植被减少,水土流失严重。另外,矿山开挖、修建道路及工业工程施工没有很好地实施水土保持措施,亦造成了大量水土流失。

7. 其他

预报、预测、预警手段落后,政策法规不完善。

1.3　防灾形势

1.3.1　建设成就

为了保障山丘区人民生命财产安全,有效降低山丘区山洪灾害损失,根据国家统一安排部署,从2009年开始,安徽省分多个年度开展了42个县(市、区)山洪灾害防治非工程措施的建设。截至2018年,安徽省46个县级山洪灾害防治非工程措施建设已全部完成,并在山洪灾害防御中发挥了重要作用。2013~2015年安徽省开展了包括山洪灾害调查评价、已建非工程措施补充完善和重点山洪沟防治治理三方面的山洪灾害防治建设任务。建设范围覆盖安徽省省本级、10个地市、42个县、494个乡镇、3 398个行政村,涉及人口约1 000万人。前期的山洪灾害防治项目建设的硬件和软件成果,已经初步形成了一个极复杂的山洪灾害监测、预警系统信息化体系。

1.3.1.1　初步形成了信息采集与预警体系

截至2018年12月底,安徽省山洪灾害防治非工程措施项目建设已覆盖全省42个山洪灾害防治县(区),建设自动雨量站373处、自动水位雨量站542处、自动水位站150处、视频监测站186处、图像监测站80处、简易雨量站2 698处、人工水位站730处、单站式无线预警广播(Ⅰ型机)1 129套、主从式无线预警广播(Ⅱ型机)860套。

1.3.1.2　基本建成山洪灾害防御网络传输平台

在安徽省山洪灾害防治区内,基本建成山洪灾害防御通信网络传输平台,覆盖省水利厅、16个市、42个山洪灾害防治县(区)、494个防治区乡镇和全省水文系统,并与省政府、水利部、流域机构实现互联互通。山洪灾害防治区内的42个县(区)远程异地视频会商系统均已延伸到所辖乡镇。

项目建设彻底改变了山洪灾害防治区内县(区)防汛、防山洪灾害的信息化水平,将防汛现代化水平向前推进了一大步。科学防汛的理念在基层防汛工作中落地生根,这也是本项目建设的最大收获。

1.3.1.3　平稳运行省、市、县三级监测预警平台

先后完成对省、市、县三级标准机房建设、网络及综合布线改造、会商室改造等工作,实现了省、市、县三级互联互通。开发部署完成省、市、县三级山洪灾害监测预警平台应用系统,为山洪灾害防御提供更加快捷、准确、及时的信息支撑。落实了成熟的信息化管理的体制机制,为市、县级建设本地的决策指挥系统奠定了基础。

1.3.1.4　创新开展山洪灾害调查评价工作

2013 年以来,安徽省走在全国前列,对全省 36 个山洪灾害防治县的山洪灾害调查评价工作进行了全面部署并对项目的实施开展了探索。调查工作伊始,安徽省防汛抗旱指挥部办公室(简称"防办")会同水文局等有关单位,制定了《安徽省山洪灾害调查工作大纲》和《山洪灾害调查外业手册》,为高标准地完成调查任务奠定了良好的基础。在外作业实施上确立了"以人为本、调查不遗漏、分次实施"等原则,采用"图上粗查、实地详查、数据入库上图"方式同步开展工作。对已调查出的成果,省防办开拓思路,积极加强调查成果向防御能力的转化,要求相关数据必须进入山洪灾害监测预警平台,为及时预警和精确预警服务。针对山丘区群众居住分散的现状,省防办印发了《安徽省基层防御山洪灾害网格化责任体系建设指导意见》,要求各地利用调查成果,抓紧建立基层防御山洪责任体系,达到"预警到村、信息到户"的目的。

经过调查,基本摸清了山洪灾害重点防御对象,并以小流域为单元,确定了预警指标,为科学预警打下了坚实的基础。

1.3.1.5　逐步推进山洪灾害示范建设工作

在完成前期建设的同时,安徽省积极探索山洪灾害防御的新模式、新方法。2015 年底,根据国家防办统一部署,安徽省开展了对山洪灾害示范县建设的探索工作,试点开展预警到户建设、学校预警能力建设、基层防汛信息展播建设、转移路线全景地图建设、基层水利站防汛能力建设、群测群防体系建设、工程措施与非工程措施结合示范建设、县级平台试点升级建设等示范建设内容。目前相关方案已修改完善完成,正在组织实施。安徽省将根据山洪灾害防御新情况的变化,对方案进行适时调整,以期探索出更加适宜的、科学的提升方案。

1.3.2　存在的问题

为有效抵御暴雨洪涝引发的灾害威胁,安徽省不断加强各种保障措施,并取得了日渐显著的成效。但是,从近年的山洪灾害防御工作实践来看,针对基层防汛预

报预警方面还没有形成完整的防御体系,仍然存在一些薄弱环节,需要尽快实施针对性的建设内容,从而达到有效防御山洪灾害,最大限度地减轻山洪灾害损失的目的。

1.3.2.1　县级监测预警平台支撑能力不足

目前,安徽省防汛信息化主要依托山洪灾害防治项目和国家防汛抗旱指挥系统建设,但是,山洪灾害防治项目仅涉及安徽省42个县(区),大部分平原地区未开展相关建设。国家防汛抗旱指挥系统有其局限性,覆盖范围以地市级以上为主,并以专业应用为主,缺乏对社会和公众的服务。2017年,安徽省水文局虽已实现了气象数据与水文数据在省级范围互通共享,县级、乡镇级等基层防汛部门获取相关信息的渠道依然有所延迟,资源和信息在短时间内难以实现有效整合,往往容易在重大灾害来临时,错过救灾黄金时间。已建视频监测站点建设时间及标准不一,且大多落地于基层管理单位,共享及兼容性不高,难以汇集利用。

1.3.2.2　基层预警设备、设施缺乏

目前,除有山洪灾害防治建设任务的县(区),其他地区尚未建设配备基层预警发布设备、设施,不能及时发布预警信息到基层防汛责任人。一些防汛任务较重的乡镇、村、危险区等地,尚未开展无线预警广播建设。

1.3.2.3　运行维护困难

山洪灾害防治非工程措施项目相对于水利等其他工程建设来说,有其自身特点。

1. 数量多,维检难

截至2018年12月底,山洪灾害防治非工程措施项目建设已覆盖全国29个省(自治区、直辖市)、2 058个项目县,共建设自动监测站点6.48万个、简易站点43.02万个、无线预警广播25.48万套、简易报警设备116.37万台(套)。同时,根据国家防办《关于报送山洪灾害防治项目2016~2020年建设任务的通知》,"十三五"期间,还将进一步开展监测预警站点的建设。如此大规模的建设和大范围的分布,给维护和检修带来了不小的困难。

2. 环节多,风险大

监测预警系统是整个山洪灾害防治工程措施项目中建设和运行管理的核心。该系统是由监测站点、通信设施、监测预警平台软件、预警设备组成的有机组合体,任何一个环节出现问题都会影响整个系统的运行,甚至会造成系统瘫痪,失去对山洪灾害的预警预报能力。

3. 时效强,要求严

汛期必须保证设备时刻处于正常运行状态,出现故障后要立即处置,设备维护

及时性要求较高。

4. 专业强,技术高

虽在项目建设过程中对各级操作人员进行了培训,但在设备出现故障时仍需专业人员对其维护、维修。

5. 资金缺,维护难

非工程措施项目建设都是自动测报设备、设施,后期需要投入大量的资金用于运行管理和维护。由于各级政府财力不同,仍有部分县(区)无法落实运行维护资金。

1.3.2.4　数据交换环节过多

原有的数据传输流程是从外业监测站点发送至县(区),经县(区)交换至市水文分中心,再交换至省水文局。数据经过多次转发,在传输环节出现问题的概率大幅度提升。无论是哪个环节出现问题,都会导致省级部门无法看到实际的监测数据,直接影响省、市对山洪灾害防御工作的指挥调度。

1.3.2.5　应用功能冗余

各县与分中心均部署有信息管理系统,但同类系统的功能基本相同,应用系统的部署冗余大,且维护升级代价高,导致硬件资源浪费。

1.3.2.6　管理功能缺失

对运维管理和售后服务的监测能力不足。实际运行中发现,虽然对各承建单位规定了运行的要求,但反应和处理情况各不相同。缺少对运行维护后期必要的监控和考核,对项目整体运行维护十分不利。

1.4　建设必要性

1.4.1　防汛抗旱形势严峻

防汛工作事关人民群众生命财产安全,事关经济社会发展大局,事关社会和谐稳定,与经济发展和社会进步息息相关。

2016 年入汛以来,受超强"厄尔尼诺"事件等因素影响,安徽省发生多次大范围强降雨,一些地区遭受严重山洪灾害,暴露出防洪排涝减灾体系仍存在一些薄弱环节,所以提前预警、做好群众转移工作至关重要。

同时,防汛抗旱工作需要越来越精细化,需要各级防汛抗旱部门及时了解和掌握辖区内工程实时运行情况,也需要上级单位对相关水管单位、乡镇单位进行指导和督察,全面、及时、准确地掌握各级各类相关防汛抗旱信息,更好地实现应急响应和精准调度。

1.4.2　水利信息化建设的需要

《安徽省水利信息化发展"十三五"规划》对提高防洪减灾和防汛抗旱应急管理能力、建设标准统一的数据采集和工程监控系统、扩大防汛抗旱指挥系统覆盖面等方面提出了明确的要求。

近年来,安徽省部分地区通过国家防汛抗旱指挥系统、山洪灾害防治、中小河流水文监测等项目建设,大江大河、中小河流和部分地区基层防汛预报预警能力显著提高。但仍有部分地区防汛信息化水平相对较低,特别是农村基层防汛预报预警体系尚不完善,预报预警的及时性、准确性不能达到标准,缺乏对突发洪水及时、科学、有效应对,影响群众迅速转移、有效避险;小型水库水雨情自动监测系统和防汛通信预警设备不完善,影响水库汛情险情的及时报送和发布。因此,针对近年来特别是 2016 年汛期暴露出的突出防洪薄弱环节,在安徽省阜南县、利辛县等 57 个县(区)开展农村基层防汛预报预警体系项目建设十分必要。

1.4.3　夯实基层防汛基础,整合已有资源的需要

近年来,安徽省水文监测站网得到了长足的发展,已建成水文及雨量站点 830个,其中 210 个省级报汛站实现了雨量自动测报。与淮委、安徽省气象系统、河南省水文系统实现数据共享,雨水情信息由以前 6 小时测报变为自动遥测,各类信息可在 10 分钟内传到省防办综合水情办公室。梅山、响洪甸、佛子岭、磨子潭、陈村、港口湾等大型水库完成了自动测报信息联网建设,实现了水库安全运行的实时监控。建设了王家坝闸、阜阳闸、蚌埠闸等闸站的监控系统,可进行实时工情数据和图像信息的采集和传输。淮北地区墒情监测预报和抗旱减灾信息系统完成淮北墒情分中心的建设,已建成固定站 24 个、巡测站 75 个,覆盖安徽省淮河以北地区 6个市 24 个县,监测耕地面积达 3 200 万亩(1 亩＝0.0667 ha)。

在系统建设方面,开发建设了安徽省防汛抗旱指挥系统、取水许可管理系统、水雨情实时监测信息服务系统、洪水预报系统等;同时,各市相关单位也根据自身工作需要,也陆续开展了一些监测系统以及应用平台的建设工作,这些监测站点和软件系统为全省开展水资源管理工作提供了部分信息来源,积累了一定建设经验。但是由于缺乏总体的规划设计,技术标准和开发平台不统一,这些资源大多分布在不同的部门,分散在不同的系统,共享困难。因此开展全省水资源监控能力建设,规范各级水资源管理工作,统一技术标准,保证系统的前瞻性和兼容性,对于建立统一的水资源管理工作平台,保障投资价值,避免重复建设是非常必要的。

第 2 章　总体建设方案

2.1　建设原则和依据

2.1.1　建设原则

1. 全面覆盖,突出重点

根据安徽省山洪灾害防治与基层防汛工作的特点和需要,建设范围要覆盖有防灾防汛任务的乡镇、村,特别是易灾、易洪、易涝危险地区。建设内容要包含监测预警各个方面和环节,并针对目前山洪灾害防治与基层防汛监测预警工作中存在的问题,突出重点,按轻重缓急要求,逐步开展监测预警体系建设。

2. 资源整合,数据共享

高度重视对现有资源的整合,对已有软硬件资源合理组合,避免重复建设。在前期已建信息化平台的基础上,共享已建站点数据,充分融合已有系统资源,新增部分软件功能模块和硬件资源,做好系统集成工作,保障已有资源的有效利用。

3. 功能实用,合理配置

紧扣基层防汛任务,方便运行维护和管理,充分考虑县、乡镇、行政村各级业务需求,采取行之有效的各项措施,契合基层预报预警所需功能,合理配置成熟稳定的设备、设施。

4. 统一标准、统一平台

安徽省山洪灾害防治与基层防汛监测预警体系应按国家及安徽省水利信息化统一建设要求、数据规范等技术标准,在系统软件设计、数据库表扩展、软硬件升级/配置等方面,保障系统建设技术标准统一。健全多级通用平台的服务模块,保障基层防汛监测预警多级通用平台与省、市、县各级防汛预报预警需求相适应,建立统一平台,保障多级应用效果。

2.1.2　建设依据

为保证项目建设内容完成后能形成互联互通的基层防汛管理信息平台,项目建设应严格遵守相关标准的规定,有国家标准的依照国家标准执行,没有国家标准的依照水利行业技术标准。建设应遵循的主要标准如下:

①《山洪灾害监测预警系统设计导则》(SL 675—2014);

②《水位观测标准》(GB/T 50138—2010);

③《水文自动测报系统技术规范》(SL 61—2015);

④《水文监测数据通信规约》(SL 651—2014);

⑤《水利工程视频图像站建设技术规范》(DB 34/T 2923—2017);

⑥《山洪灾害防治非工程措施运行维护规程》(DB 34/T 2924—2017)。

2.2　建设目标和任务

2.2.1　建设目标

深入贯彻落实党中央、国务院关于加快灾后水利薄弱环节建设的决策部署,按照新时期防灾减灾救灾工作"两个坚持,三个转变"的新理念、新要求,针对防汛抗洪抢险救灾中暴露出的瓶颈、短板和薄弱环节,以防洪排涝薄弱地区为重点,坚持问题导向、统筹规划、突出重点、因地制宜、科学治理,开展农村基层防汛预报预警体系建设。通过开展农村基层防汛预报预警体系项目建设,逐步建立并完善符合农村基层实际的雨情、水情、汛情预报预警体系和群测群防体系,进一步提升农村基层防汛抢险救灾预警能力,推进农村基层防洪治理体系和治理能力现代化,为构建和谐社会,促进社会、经济、环境协调发展提供防洪安全保障。

1. 调查评价建设目标

通过调查评价项目的实施,进一步掌握安徽省山洪灾害区域分布、影响程度、风险区划等状况,检验、标定和复核预警指标,提出规范、准确、具操作性的预警指标,大幅提高安徽省防灾减灾能力和风险管理能力。

2. 监测预警系统建设目标

建设县防汛抗旱指挥部视频会商中心和监测预警信息平台,在建设范围内合理布设自动雨水情监测站、视频监测站等,达到实时、直观监测雨量和水位,建设通信网络,将监测信息在第一时间内传送到有关部门;预警系统尽量采取实用性强、便于操作、维护方便的预警设施,在收到预警指令后,能够及时、准确地发布相关预警信息,并使有关人员能够在最短时间直观简单地获取监测、预警信息。

3. 群测群防体系建设目标

建立起县、乡(镇)、村、组、户五级山洪灾害防御责任制体系。各级指挥机构、成员单位及工作组均要落实具体人员,明确职责。根据当地山洪灾害特点、防御现状条件,分别编制县、乡镇及行政村防汛预案。使预案成为防御山洪灾害实施指挥决策、调度和抢险救灾的依据,成为基层组织和人民群众防灾、救灾各项工作的行动指南。利用各种方式宣传防汛知识,做到进村、入户、到人,达到不断提高居民防灾的自觉性、增强自救意识和自救能力的目标。对责任制组织体系中的人员进行技能培训,达到各类人员熟练掌握本岗工作技能的目标。在山洪灾害防治区组织开展1~2次山洪灾害避灾演练,使群众清楚转移路线、安置地点,达到在电力、通信等中断的情况下不乱阵脚、安全转移的目标。

4. 应急救援保障建设目标

通过在部分重点乡镇配备相应的专业设备以及应急救援工具,在山洪灾害突发情况下,能够快速、有效地降低灾害带来的人民生命财产损失,提高山洪灾害突发事件的应急处理能力。

2.2.2　建设任务

按照技术路线与建设原则,在安徽省范围内建设实施农村基层防汛预报预警体系,任务主要有山洪灾害调查评价、自动监测系统建设、监测预警平台建设、预警信息展播与发布、群测群防体系建立,并结合本地实际,配置县乡应急救援工具和设备,形成技术与管理相结合的非工程防御体系。主要建设内容如下:

1. 调查评价

以县为实施单位,以行政村(自然村)为单元,全面查清山洪灾害分布范围、社会经济、水文气象、历史山洪灾害情况,调查受山洪灾害威胁村庄的人口、户数、房屋座数,调查中小河流现状防洪能力及防洪工程设计防洪标准,掌握山洪灾害区内的涉水工程以及平原区山洪灾害防治现状等基础信息。分析平原区暴雨和洪涝特征,确定低洼易涝村落和受中小河流洪水威胁沿河村落等防灾对象的现状防洪能力,划分危险区,因地制宜确定雨量预警指标和水位(流量)预警指标。建立平原区山洪灾害调查评价成果数据库,并与全国山洪灾害调查评价成果数据库共享、共用。

2. 自动监测系统

根据安徽省农村基层防汛预报预警的需求,完善符合安徽省基层实际的雨情、水情、汛情监测系统,在共享水文、气象和前期项目已建自动监测站点基础上,优化安徽省自动监测站网布局,补充雨水情监测站点,辅以视频、图像监测站建设。

3. 预警设备、设施

在易洪、易涝危险区配备乡镇基层防汛信息展播设备、无线预警广播、人工预警设备等预警设施,满足农村基层防汛预警,组织人员避险转移需要。

4. 群测群防体系

群测群防体系是安徽省农村基层防汛预报预警体系建设的重要内容,与专业监测预警系统相辅相成、互为补充,共同发挥作用,形成"群专结合"的山洪灾害防御体系。按照《加快灾后水利薄弱环节建设实施方案》的要求,持续、规范、长效组织开展建设安徽省农村基层群测群防体系建设,显著增强安徽省群众的主动防灾避险意识和自救互救能力,主要包括建立健全责任制体系、县乡村防汛预案编制、宣传、培训、演练等。

5. 应急救援保障

安徽省农村基层防汛预报预警体系将按照省级统一标准在县级和重点乡镇及行政村(或自然村)配置应急救援工具和设备,强化安徽省基层救灾手段,提高基层应急救援能力。

2.3 技 术 路 线

2.3.1 总体框架

安徽省山洪灾害防治与基层防汛监测预警体系的建设以县级为建设单位,各县在对山洪灾害防治区调查的基础上,充分立足于现有防洪工程体系,着力加强非工程措施建设,在防汛雨水情数据采集方面,通过自动监测采集的应用,改变原有人工观测的模式,实现全县站点雨水情信息的自动采集和传输,以提高雨水情信息采集的数量、质量和传输速度;在雨水情信息接收、分析处理和信息发布方面,通过应用全省统一平台,实现水文、气象、国土等数据信息的全面直接共享,以扩大全县防汛信息资源量;通过新技术、新产品的运用以最简单、最全面、最清晰的方式给基层防汛工作者和决策者提供查询和显示,以便他们随时掌握防汛信息。

主要建设技术路线如图 2.3.1 所示。

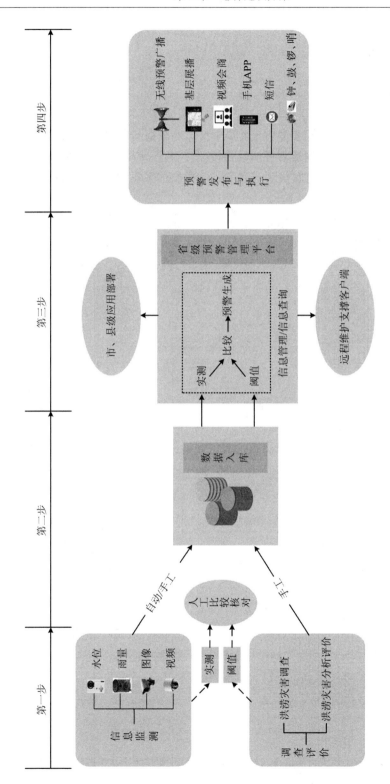

图 2.3.1 安徽省山洪灾害防治与基层防汛监测预警体系建设技术路线示意图

2.3.2　数据流程

根据《安徽省山洪灾害防治数据同步共享及监测预警信息管理系统升级完善实施方案》要求,安徽省山洪灾害防治与基层防汛监测预警体系雨水情监测数据在安徽省水利信息中心落地入库,与安徽省水文局水情遥测数据共享交换,两库合一后供监测预警平台调用,以减少数据流转环节,加强数据共享管理,确保数据稳定可靠。

安徽省山洪灾害防治与农村基层防汛监测预警体系雨水情监测数据流向如图2.3.2所示。

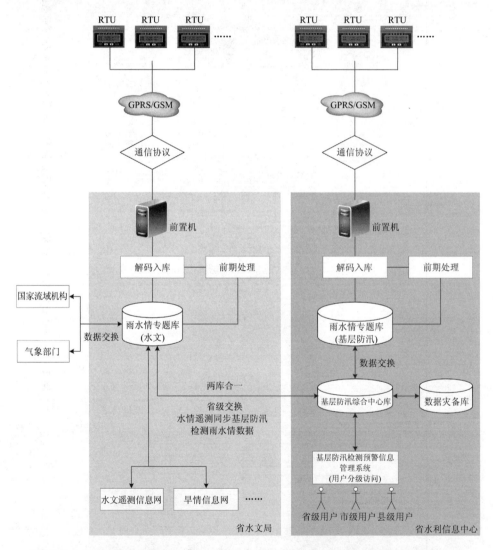

图 2.3.2　安徽省山洪灾害防治与农村基层防汛监测预警体系雨水情监测数据流向图

2.3.3　业务流程

2.3.3.1　预警发起

1. 雨量预警

雨量站点超过预警阈值后自动生成预警,预警发生时自动调用短信向县(区)值班和责任人员发起短信通知,同时系统在地图上自动显示预警信息、产生声音提醒,并发起预警流程供内部研判。

2. 水位预警

水位站测量的水位数据在超过警戒水位和保证水位时自动生成预警,预警发生时自动调用短信向县(区)值班和责任人发起短信通知,同时系统在地图上自动显示预警信息、发出声音提醒,并发起预警流程供内部研判。

3. 气象预警

县(区)单位根据气象预报通过研判手工发起预警,预警以县(区)为单位,通过在地图勾画区域或标注对区域内发起预警。

如图 2.3.3 所示,安徽省农村基层防汛监测预警的业务是以县级预警处置为核心,省、市对预警处置过程进行监督指导的。

4. 预警时效性控制

超过 6 小时(时长用户可自定义)未处理的预警,该预警将自动进入关闭状态,并向相关责任人自动发送短信通知,短信内容格式为"××站点预警在××时间发起,因 6 小时未处理,进入自动关闭流程"。

2.3.3.2　预警研判处置

预警产生后进行研判,根据情况采取关闭预警、加强关注、启动响应的处置措施。关闭预警时,填写原因,则预警流程结束。加强关注时应通过手机短信向相关区域发送要求加强关注的信息。

默认在图上显示的信息有:根据预警点影响半径(默认 5 km,可手工调整半径和覆盖图形式,对变形后的图自动记忆绑定至预警站点的预警范围),通过空间关系自动关联预警点附近的水库、水闸、泵站、堤防、圩垸、视频站点、图像站、水位站、雨量站、村庄、物资仓库、责任人等周边工情信息。可以在一个页面内查看各类工情信息详情。支持叠加降雨等值面、等值线、降雨中心点、6 小时内(可自定义时间)平均降雨量和水量信息。

对于需要了解现场实况信息的情况,县(区)可向相关责任人发起巡查任务,巡查任务可通过手机 APP 的消息提示通知到相关责任人,并发送短信通知到责任人手机,责任人可根据任务拍照和录制视频上传至平台,作为预警研判的依据。

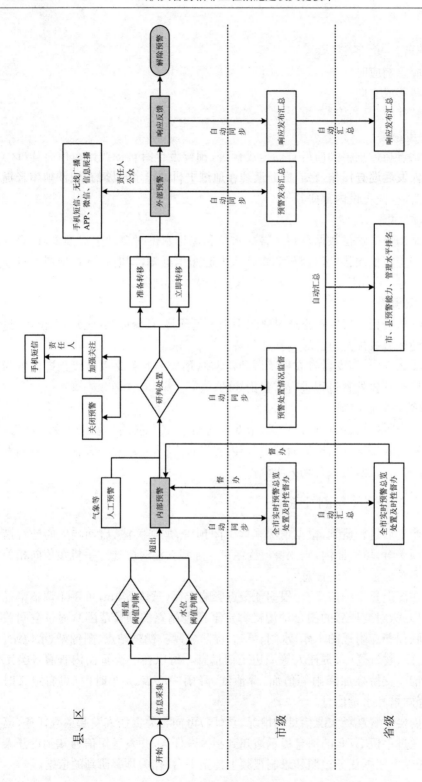

图 2.3.3　安徽省农村基层防汛监测预警流程图

2.3.3.3　发布外部预警

启动应急响应时,应发布外部预警,通过手机短信向县、乡镇、村、网格责任人发布准备转移或立即转移命令,通过无线预警广播、防汛信息展播、微信等向群众发布准备转移或立即转移要求。预警发布后还需每天上报行动情况,立即转移后还应上报转移情况,直至转移人员返回,预警流程才结束。一次预警可以根据情况变化研判,采取多次多个处置措施。系统支持用户选择推送区域、用户等,并可向相关责任人发起巡查任务,巡查任务通知可通过手机 APP 消息提示通知到相关责任人。

2.3.3.4　预警督办

在地图上监视预警信息,通过手机短信发送督办信息,督办区防办及时处置预警。省、市级用户支持通过派遣工作的方式进行预警区域现场督办,可通过系统选择派遣工作组人员(调用防汛业务管理平台中专家库),相关的专家人员会收到短信和手机 APP 的消息推送,组成专家组现场督办任务事件。

2.3.3.5　预警处置过程监督

对辖区内预警处置过程进行监督、对辖区内预警信息汇总统计、对辖区预警处置效率和预警处置能力进行排名,为通报、考核等管理手段提供依据。

第 3 章   调 查 评 价

山洪灾害调查的目的是:通过调查摸清全省山洪灾害的区域分布,全面、准确地查清山洪灾害防治区内的人口分布情况,掌握山洪灾害防治区内的水文气象、地形地貌、社会经济、历史山洪灾害、涉水工程、山洪沟等基本情况以及全省山洪灾害防治现状等基础信息,并建立山洪灾害调查成果数据库,为山洪灾害分析评价和防治提供基础数据;通过分析评价工作,分析小流域暴雨洪水特征,提供山洪灾害重点防治区内沿河村落、集镇、城镇等防灾对象的当前防洪能力、危险区等级划分以及预警指标等信息,为山洪灾害预警、预案编制、人员转移、临时安置、普及防灾知识、群测群防等工作进一步提供科学、全面、详细的信息支撑。

3.1   山洪灾害调查

3.1.1   调查内容

山洪灾害调查是分析评价的基础,调查内容以能满足分析评价和山洪灾害防治需要为原则,主要调查内容如下:

① 山洪灾害防治区社会经济调查,主要包括行政区划及企事业单位名录、城镇及农村家庭财产分类、房屋类别等。

② 危险区调查,主要包括历史最高洪水位或可能淹没范围、成灾水位,危险区内房屋、人口分布等。

③ 小流域核查,主要包括小流域名称、流域参数(面积、主河长、坡度等)、植被及土地利用情况等。

④ 需防洪治理的山洪沟调查,主要包括山洪沟数量及其保护的村镇基本情况等。

⑤ 非工程措施调查,主要包括自动监测站、无线预警广播、简易雨量站、简易水位站等。

⑥ 涉水工程调查,主要包括防治区内桥梁、塘(堰)坝、路涵等工程。

⑦ 历史山洪灾害调查,主要调查典型的历史洪水和近期可靠的大洪水,实测

洪痕位置和高程等。

⑧ 沿河村落和重要城镇详查,主要包括沿河村落居民户人口和住房情况调查、宅基地位置及高程测量等,获取沿河村落人口的高程分布情况。

⑨ 河道断面测量,主要包括沿河村落所在河道的纵断面、横断面及大洪水洪痕测量等。

⑩ 水文气象资料收集,主要包括暴雨资料、洪水资料、蒸发资料等。

3.1.2　调查技术路线

山洪灾害调查是一项复杂、系统的工作,需要在严密的策划准备、精心组织、协调配合的基础上才能按技术要求完成各项工作。按工作性质主要分为 4 个阶段,即前期准备阶段、内业调查阶段、外业调查阶段、检查验收阶段,前面的阶段是后续阶段的基础,后续阶段是前面阶段的应用和完善。

(1)前期准备主要包括调查人员确定、工作方案制定、调查工具设备准备、现场数据采集系统及工作底图、基础数据库准备等,还要根据人员情况开展调查试点工作,并根据试点调查中发现的问题,完善或调整工作方案。

(2)内业调查工作主要在室内开展,通过与水利部门、水文部门、国土部门、气象部门、统计部门等沟通协调,收集山洪灾害调查所需的基本资料,进行整理、分析、录入、标绘、校核,为下一步外业调查准备好基础资料。内业调查主要工作内容包括确定调查名录、社会经济调查、历史山洪灾害调查、需治理山洪沟调查、非工程措施成果统计和涉水工程调查等。

(3)外业调查是根据现场目测、走访和辅助测量工具获取调查对象信息。外业调查将紧密结合内业调查的成果,对内业调查阶段确定的调查对象进行补充完善;对内业调查阶段遗漏或填错的对象或信息,进行更正或完善。外业调查主要工作内容包括防治区社会经济情况调查、危险区调查、小流域信息核查、需治理山洪沟调查、涉水工程调查、沿河村落和重要城(集)镇详查、历史洪水调查等。

(4)检查验收阶段。县级调查机构采取交叉作业的方式,抽取一定比例的调查信息,与已有成果进行对比,统计分析错误率,不满足验收标准的则重新调查,直至满足验收标准为止。通过调查评价数据审核汇集软件按预先设定的审核关系进行自动校审,发现错误及时处理。

3.1.3　内业调查

调查对象统计登记是内业调查阶段的主要工作内容之一,统计确定各类山洪灾害调查对象的名录、数量、规模等信息,收集调查对象的基本信息,确定调查表的填报单位。对于可在内业完成的调查任务,直接填写相应对象的调查信息。对调查的信息进行审核、检查,确保调查对象不重不漏。

3.1.3.1　内业调查步骤

① 收集整理已有所需资料。

② 编制县域内调查对象名录,作为调查工作的基础。

③ 县级调查机构可根据县域内调查对象的特点、数量及分布情况划分调查区。调查员依据调查对象名录,结合工作底图,对调查区范围内的乡(镇)、村庄、企事业单位、需工程治理山洪沟、已建山洪灾害监测预警设备、历史山洪灾害,重要沿河村落、集镇和城镇,涉水工程等基本信息进行初步统计。

④ 调查指导员负责对内业调查表进行人工审核,与调查对象名录进行对比,重点核对变化的调查对象,对漏报及不符合审核条件的调查对象及时核实、更正和补报。

3.1.3.2　收集整理已有成果资料

收集已有相关资料,具体包括以下内容:

① 各县(市、区)、乡(镇、街道办事处)、行政村(居民委员会)、自然村(村民小组)的行政区划资料和基本信息,包括人口、居民户数等;企事业单位的基本信息,包括单位名称、单位类别、组织机构代码、企事业单位地址。

② 根据国家统计局《城镇住户调查方案》和《农村住户调查方案》年度抽样调查报表制定的居民家庭财产类型和住房类型调查分类标准。

③ 各县(市、区)根据国家统计局《县(市)社会经济基本情况统计报表制度》的要求编制的本年度当地社会经济基本情况统计报表。

④ 历史山洪灾害资料,包括山洪灾害发生时间及地点、过程降雨量、洪水情况、灾害损失情况。重点是新中国成立以来发生的山洪灾害。

⑤ 防治区小流域基础信息及其坡面特性信息,如土地利用现状图、土壤分布图等。

⑥ 能与山洪灾害防治监测预警平台共享信息的自动监测站点,山洪灾害防治县级非工程措施建设的无线预警广播站、简易雨量站、简易水位站等基本情况。

⑦ 有关水库、水电站、水闸、堤防等水利工程基本情况、特性指标等信息。

⑧ 防治区内影响居民区安全的塘(堰)坝、桥梁、路涵等涉水工程信息。

⑨ 需工程治理的山洪沟基本情况。

⑩ 山洪灾害防治已有成果,包括规划报告、实施情况。

⑪ 大比例尺地形图。

对收集到的防治区相关数据成果资料进行分类整理。

3.1.3.3　工作内容和范围

① 编制调查对象名录,主要是县级行政区划下的各级行政区划以及山洪灾害

防治区内的企事业单位。行政区划要求填报到自然村(村民小组)。根据规划和前期山洪灾害防治非工程措施建设情况综合确定山洪灾害防治区和重点防治区。山洪灾害防治区和重点防治区需经县级机构审核确认。山洪灾害防治区是指有山洪灾害防治任务的山丘区。山洪灾害重点防治区指山洪灾害防治区中山洪灾害频发或灾害损失严重的区域。安徽省调查编码以国家统计局 2011 年统计用行政区划代码(省、市、县、乡、行政村五级)为基础编制,行政区划代码扩展到自然村一级,采用 15 位代码,编码方法参见图 3.1.1。

省(市、区)+市+县+乡镇+行政村+自然村(散户)

6位　　　3位　3位　　3位

图 3.1.1　山洪灾害行政区划编码方法

② 以乡(镇、街道办事处)为填报单位,收集整理乡(镇)下辖的行政村(居民委员会)、自然村(村民小组)各级政区基本情况表(表 3.1.1),包括行政区划名称、行政区划代码、总人口、户数、土地面积、耕地面积。需要在工作底图上对行政村及以上行政区划名称和行政区划代码进行核对或修改。对自然村(村民小组),需要填写名称、标注位置、统一编码。对小于 10 户的散户居民区,纳入所属的行政村(居民委员会)或者最近的自然村共同调查。对于行政区划有变动的,例如行政区划合并、拆分、权属调整,则需要根据现行的政区划名称和行政区划代码进行填报。

表 3.1.1　行政区划基本情况表

乡(镇)名称				乡镇代码			
序号	行政区划名称	行政区划代码	总人口(人)	户数(户)	土地面积(km²)	耕地面积(亩)

③ 在工作底图上标绘山洪灾害防治区的城(集)镇、乡(镇、街道办事处)、行政村(居民委员会)、自然村(村民小组)位置和居民区范围。当居民居住分散时,可以分开来标绘。对小于 10 户的散户居民区也可分开来标绘。

④ 以乡(镇)或行业主管部门为填报单位,统计整理防治区企事业单位基本信息,包括单位名称、单位类别、组织机构代码、地址、在岗人数、驻地的行政区划代码(表 3.1.2)。在工作底图上标绘防治区企事业单位名称和位置。学校、医院、养老院、幼儿园等重点单位不能遗漏。军队、国防等涉密单位不在调查范围内,其信息

不得标绘在工作底图上。企事业单位的调查范围为常住人口 10 人以上的。

表 3.1.2　企事业单位基本情况表

乡(镇)名称				乡镇代码		
序号	单位名称	单位类别	组织机构代码	地址	在岗人数	驻地的行政区划代码

⑤ 统计整理历史山洪灾害情况,重点是新中国建立以来发生的山洪灾害,确保不遗漏发生人员伤亡的山洪灾害事件。根据地方志、水利志、年鉴、防汛总结、出版物中有关山洪灾害的记载和调查成果等,统计历史上曾经发生的山洪灾害,整理每次山洪灾害的发生时间、地点和范围、灾害损失情况(包括死亡人数、失踪人数、损毁房屋、转移人数、直接经济损失)。

⑥ 对于具有区域代表性的典型场次洪水,需要按《水文调查规范》进行历史洪水调查。在内业工作阶段,需要确定需要进行洪水调查的洪水场次和调查区域。平均每个县调查的典型流域不少于 3 个,每个流域历史洪水调查不少于 1 场次。选择洪水调查场次时,最好选择近期发生的、有水文气象监测记录的、洪水痕迹清晰的。

⑦ 统计需治理的山洪沟数量,填写表 3.1.3,将需治理山洪沟所危及的乡(镇、街道办事处)、行政村(居民委员会)、自然村(村民小组)及山洪沟的空间位置标绘在工作底图上。

表 3.1.3　需治理山洪沟统计表

县(市、区))名称		县(市、区)代码		
序号	所在行政区	山洪沟名称	所在小流域代码	集水面积(km²)

⑧ 调查统计建设或共享到山洪灾害防治县级监测预警平台的山洪灾害防治自动监测站点,包括自动雨量站、水位站、水文站、气象站等;调查统计山洪灾害防治县级非工程措施建设的无线预警广播站、简易雨量站、简易水位站等。整理监测预警站点和设备的基本信息,并将站点的位置标绘在工作底图上。

⑨ 防治区内第一次水利普查收集的主要是水库、水电站、水闸、堤防等水利工程相关成果,需将工程位置标绘到工作底图上。

⑩ 以乡(镇)为填报单位,统计需要现场调查的对沿河村落防洪安全可能产生较大影响的涉水工程数量,主要是塘(堰)坝、桥梁、路涵等,填写表 3.1.4。塘(堰)坝、桥梁、路涵等调查对象的选择原则是:在洪水期间、可能阻水或因杂物阻塞等原因造成水位抬高,淹没上游居民区的;或可能因工程溃决威胁下游居民区安全的。

表 3.1.4　涉水工程数量统计表

填报单位名称		填报单位代码		
序号	所在行政区划名称	塘(堰)坝数量(座)	路涵数量(座)	桥梁数量(座)

⑪ 各县(市)根据国家统计局《县(市)社会经济基本情况统计报表制度》规定,整理填写本县(市)社会经济基本情况统计表(表 3.1.5)。

表 3.1.5　县(市、区)社会经济基本情况统计表

县(市、区)名称		县(市、区)代码	
指　　标		数量	
1. 基本情况			
1.1 行政区域土地面积(km^2)			
1.2 乡(镇)个数(个)			
1.3 村民委员会个数(个)			
1.4 年末总户数(户)			
1.5 其中:乡村户数(户)			
1.6 年末总人口(万人)			
1.7 乡村人口(万人)			
1.8 年末单位从业人员数(人)			

续表

县(市、区)名称		县(市、区)代码	
指　标		数量	
1.9 乡村从业人员数(人)			
1.10 其中:农林牧渔业(人)			
1.11 农业机械总动力($\times 10^4$ kW)			
1.12 固定电话用户(户)			
2. 综合经济			
2.1 第一产业增加值(万元)			
2.2 第二产业增加值(万元)			
2.3 地方财政一般预算收入(万元)			
2.4 地方财政一般预算支出(万元)			
2.5 城乡居民储蓄存款余额(万元)			
2.6 年末金融机构各项贷款余额(万元)			
3. 农业、工业及投资			
3.1 粮食总产量(吨)			
3.2 棉花产量(吨)			
3.3 油料产量(吨)			
3.4 肉类总产量(吨)			
3.5 规模以上工业企业个数(个)			
3.6 规模以上工业总产值(现价)(万元)			
3.7 固定资产投资(不含农户)(万元)			
4. 教育、卫生和社会保障			
4.1 普通中学在校学生数(人)			
4.2 小学在校学生数(人)			
4.3 医院、卫生院床位数(床)			
4.4 各种社会福利收养性单位数(个)			
4.5 各种社会福利收养性单位床位数(床)			

3.1.3.4 制定居民家庭财产类型和住房类型调查分类标准

安徽省山洪灾害防治调查不对防治区居民财产和住房进行具体调查,而是采用分类汇总的方法,各级行政区只需填报不同财产类型和住房类型的总数。因此,需先对居民财产、住房情况进行分类,采用地方统计部门的抽样调查数据结合现场典型调查分析制定。

① 利用安徽省各地统计部门《农村住户调查方案》和《城镇住户调查方案》的抽样调查报表所抽取的家庭样本作为居民财产分类的样本,从中选取反映居民住户家庭财产的指标(包括主要生产性固定资产、耐用消费品,不包括住房和现金、存款),整理出能反映当地居民家庭财产拥有情况的样本;根据安徽省统计部门年度商品指导价格,估算居民家庭财产样本的家庭财产总价值。按全省或按社会经济发展水平分区域,将典型户样本按家庭财产价值由高到低排序,按比例划分为 4 类,以区分居民财产价值类型,制定"居民家庭财产分类对照表"(表 3.1.6)。

表 3.1.6 居民家庭财产分类对照表

县(市、区)名称		县(市、区)代码		
居民财产类型	Ⅰ类	Ⅱ类	Ⅲ类	Ⅳ类
居民财产类型典型户数占调查总户数的比例	≤20%	20%～50%(含)	50%～80%	≥80%
居民财产类型价值区间(万元)				

备注:居民财产分类Ⅰ～Ⅳ类按财产由高到低的顺序。

② 以县为单位,将具有代表性的农户主要住房按结构形式、建筑类型和造价划分归类。分类以结构形式为首要考虑因素,然后考虑建筑类型和造价,以使分类能反映房屋对洪水的抵抗能力。对每一类住房选择不少于 3 户进行典型样本现场调查,收集住房结构形式、建筑类型、地基情况、建筑面积、工程造价等信息,填写农村住房情况典型样本调查表(表 3.1.7),绘制住房平面图,拍摄住房照片,制定居民住房类型对照表(表 3.1.8)。选择样本时,应包括当地大多数农户住房的建筑类型,少数特别豪华或特别破败的住房可归入其他类型;选择农户住房时,只选择农户居住的主房,无人居住的附属房屋、生产用房和临时房屋可不调查。

表 3.1.7　住房情况典型样本调查表

县(市、区)名称					县(市、区)代码				
序号	住房编号	住房面积(m²)	建筑类型	结构形式	建筑造价(万元)	地基描述	建设年代	地址	描述
			□1层住宅 □2层住宅 □3层层住宅 □3层以上住宅 □其他形式住宅	□钢混框架结构 □混合结构 □砖木结构 □其他结构					
			□1层住宅 □2层住宅 □3层层住宅 □3层以上住宅 □其他形式住宅	□钢混框架结构 □混合结构 □砖木结构 □其他结构					

表 3.1.8　居民住房类型对照表

县(市、区)名称					
县(市、区)代码					
住房分类	住房编号	造价(万元)	照　片	平面示意图	描　述
Ⅰ类					
Ⅱ类					
Ⅲ类					
Ⅳ类					

3.1.4　外业调查

外业调查阶段是根据现场目测、走访和辅助测量工具获取调查对象信息。外业调查必需紧密结合内业调查的结论,主要工作是补充完善内业调查阶段确定的调查对象的各类信息;对内业调查阶段遗漏或填错的对象或信息,需要进行更正。外业调查的主要工作还包括在工作底图上标注调查对象的位置和范围、填写调查对象信息表以及拍摄照片。在工作底图上标注调查对象位置时,平面相对误差不超过 10 m;拍摄照片时,分辨率(像素)要求不小于 800×600,不大于 1 600×1 200,每个拍摄对象照片不超过 5 张。

3.1.4.1　社会经济情况调查

防治区社会经济情况调查一般以自然村为单元,调查各级行政区划的基本社会经济情况,内容包括:行政区名称、行政区代码、总人口、土地面积、耕地面积、家庭财产情况、住房情况。自然村往往是一个或多个家族聚居的居民点,是由村民经过长时间在某处自然环境中聚居而自然形成的村落。自然村与行政村的区别不仅是规模的大小,其根本在于行政村建立了村委会组织;自然村只是建立了村民小组,村民小组隶属于村委会。社会经济调查主要对居民家庭财产和住房类型、企事业单位情况进行调查。

① 在调查区内(一般以县级行政区为单位),从全部居民户中选取一定数量的调查样本,估算居民家庭财产样本的家庭财产总价值。家庭财产情况、住房情况根据内业调查阶段制定的居民家庭财产分类对照表和居民住房类型对照表,按每个自然村的实际情况进行对比归类,分类统计汇总。拍摄能反映行政区划概貌的满足分辨率要求(总像素不小于 800×600)的照片存档。小于 10 户的散户居民区,将其并入所属的行政村(居民委员会)或者与最近的自然村一同调查。

② 以行政村为单元,调查防治区内的受山洪威胁的企事业单位情况,包括:单位名称、单位类别、组织机构代码、地址、驻地的行政区划代码、所在危险区代码、占地面积、在岗人数、房屋数量、固定资产、年产值。其中,单位名称、单位类别、组织机构代码、地址、在岗人数、驻地的行政区划代码经内业调查阶段填写后由采集终端软件自动关联,外业调查阶段需对此进行核对。拍摄能反映单位概貌的满足分辨率要求(总像素不小于 800×600)的照片存档。并将企事业单位尤其是学校、幼儿园、敬老院、医院等山洪防治重点单位标注在工作底图上。

3.1.4.2　危险区调查

在山丘区,有山洪灾害防治任务的区域或者可能受到山洪灾害威胁的居民区称为山洪灾害危险区。危险区调查的主要内容包括确定危险区范围、成灾水位调查、转移路线和临时安置点确定、危险区社会经济基本情况等,沿河村落还需要对河道控制断面进行测量。

① 根据区域地形地貌、沟河分布、居民居住情况,现场查勘洪水痕迹,走访农户,调查历史最高洪水位或最高可能淹没水位,综合分析山洪灾害可能发生的类型、程度及影响范围,调查并标注成灾水位,合理确定村落、城镇中受山洪威胁的区域,在工作底图上实地标绘危险区范围。成灾水位以沿河村落(城(集)镇)内可能发生山洪灾害的最低水位为依据,根据防治区地形条件,沿河村落、集镇和城镇等保护对象位置与高程分布,历史洪水淹没情况等,结合现场调查,综合分析确定。

② 危险区内还需调查社会经济基本情况,包括:行政区代码、行政区名称、危险区名称、危险区代码、危险区内人口、危险区内家庭财产情况、危险区内住房情况。其中危险区内家庭财产情况、危险区内住房情况根据各地制定的居民家庭财产分类和居民住房类型分类标准进行分类汇总。对于一个村落有多个危险区的,需对每一个危险区分别进行调查,并分别命名以区分。对于小于 10 户的散户居民区,可单独作为一个危险区调查。

③ 对沿河村落应结合河道控制断面测量,可按照对应河岸的高程分别统计危险区内的居民情况。可采用连续运行基准站系统(CORS)或 GPS 配合全站仪方法进行快速测量,以获取成灾水位和居民户沿高程分布情况。

④ 通过现场查勘,综合确定转移路线和临时安置点,在工作底图上标绘各危险区居民的转移路线和临时安置点,转移路线和临时安置点的确定原则如下:

a. 转移路线的确定遵循就近、安全的原则,要避开跨河、跨溪或易滑坡等地带。不要沿着溪河沟谷上下游、泥石流沟上下游以及滑坡的滑动方向转移,应向溪、河、沟、谷两侧山坡或滑动体的两侧方向转移。

b. 临时安置地点的确定遵循就近、安全的原则,安置点位置应高于历史最高洪水位,能够容纳所有转移人员,且视野开阔,可观察险情发展。安置点不要设在滑坡体上,并尽量避免设在陡坡、悬崖下。

3.1.4.3　小流域基础信息核查

小流域通常是指二级、三级支流以下以分水岭和下游河道出口断面为界形成的相对独立和封闭的自然汇水区域。小流域的基本组成单位是微流域,是为划分自然流域边界并形成流域拓扑关系而划定的最小自然集水单元。山洪灾害调查评价涉及的小流域面积一般不超过 200 km²,特殊情况下可放宽至不超过 1 000 km²。山洪灾害调查小流域基础信息核查的内容一般包括:小流域名称、小流域节点、小流域土地利用分类调查等。

① 小流域命名要求简明确切、易于辨识,应尽量沿用当地沟道、村庄、山脉、河流的名称,遵循当地的习惯称谓。

② 对已划分的小流域,如果流域内发生现实性变化,如修建水库、水闸、水电

站等水利工程设施,改变了河道的汇流特性,应对小流域节点位置提出修改建议。此外,如果流域内有重要村落、重要设施等调查分析关注的对象,应设置关注节点,以便做洪水分析时划分集水区。

③ 对小流域土地利用分类成果进行现场核查,对已实地发生变化且工作底图上没有反映的面积占所在小流域面积 20% 以上的地类,应提出修改建议。

3.1.4.4 需治理的山洪沟调查

需治理的山洪沟是指在山洪灾害防治区内,以溪沟洪水灾害为主的,直接威胁城镇、集中居民点、重要基础设施安全,且难以实施搬迁避让的重点山洪沟。

需治理的重点山洪沟调查一般在内业调查的基础上以县级行政区划为基本单元开展,内容包括:山洪沟名称、所在行政区、集水面积、沟道长度、沟道比降、防洪能力现状(包括现状防洪标准)、已有防护工程长度(包括堤防、护岸)、影响对象(包括乡(镇)、行政村、自然村、人口、耕地、重要公共基础设施)、新中国成立以来主要山洪灾害损失情况(包括发生次数、死亡(失踪)人数)以及治理措施。

在外业调查时,需现场标绘需要治理的山洪沟范围及隐患点位置,相对误差一般不得超过 10 m,一般将调查点位置选在村庄附近,上游或者下游比较顺直的河段或具有控制性的河流出口处(也就是主河道)的村庄附近。

隐患点为已受或可能受山洪影响的人口居住地。隐患点选取方法:按照流域水系地图,以乡镇所在地为重点,沿主河道选取人口超过 50 人且(可能)发生淹没灾害的村(镇);其向上游延伸至最近一个没有可能淹没的村落,向下游延伸至流域边界。支流发生淹没情况的也必须选择隐患点,方法类似于主河道,仅选择一个靠近主河道的隐患点即可。隐患点选取的间隔应适当拉开,优先在人口密集的村选取;若村落相距较远,中间有过明显的桥梁冲毁、公路淹没、良田冲毁等灾害事件发生,也应再选择增加一个隐患点。

3.1.4.5 非工程措施调查

山洪灾害防治非工程措施主要包括自动监测站点、无线预警广播、简易雨量站、简易水位站等。非工程措施调查要测量其地理坐标,相对误差一般要求不得超过 10 m。调查自动监测站点调查时要明确其关联的危险区,关联危险区即是以该站监测数据作为发布预警或转移指令依据的危险区。由于山丘区洪水的发生取决于上游降雨,所以关联危险区时一般选择危险区上游的自动雨量站为对应监测站点。

① 自动监测站调查的主要内容一般包括:站点名称、所在河流水系、地理坐标、高程基面、监测站类型、建设时间、测站至河口的距离、集水面积等。

② 无线预警广播调查的主要内容一般包括:站点名称、站点位置、设备类型、地理坐标、建设时间等。

③ 简易雨量、水位站调查的主要内容一般包括:站点名称、站点位置、地理坐标、设备主要功能、设置的预警阈值等。

3.1.4.6　涉水工程调查

山洪灾害涉水工程主要指防治区内对沿河村落防洪安全可能产生较大影响的塘(堰)坝、桥梁、路涵等工程。

① 选择塘(堰)坝、桥梁、路涵等调查对象的原则是:在洪水期间,可能严重阻水或因杂物阻塞等原因造成水位抬高,淹没上游居民区的;或可能因工程溃决威胁下游居民区安全的工程都必须调查。各地根据具体情况,确定调查对象。

② 现场将工程位置标绘在工作底图上,位置标绘相对误差不超过 10 m。

③ 对工程主体应拍摄满足分辨率要求(总像素不小于 800×600)的照片存档,照片应能反映工程主体与周边地形的关系,反映工程的主体结构尺寸。拍摄照片的时候,在涉水建筑物旁竖一个高度不小于 2 m 的标尺,以便根据照片中的标尺估计建筑物的大概尺寸。每个调查点的照片不超过 3 幅。

④ 桥梁的调查内容包括:所在行政区,桥梁名称、编码、类型、长、宽、高(表3.1.9)。

⑤ 塘(堰)坝工程的调查范围是:塘坝的容积限制为 $1.0\times10^4\sim1.0\times10^5$ m³;(堰)坝的坝高限制在 2 m 以上。调查内容包括:所在行政区名称、塘(堰)坝代码、塘(堰)坝名称、总库容、坝高、坝长、挡水主坝类型(表 3.1.10)。

⑥ 路涵的调查内容包括:所在行政区名称、涵洞名称、涵洞编码、涵洞类型、涵洞高、涵洞长、涵洞宽(表 3.1.11)。

⑦ 重点调查在居民区附近、对河道行洪有较大影响的桥梁和路涵;规模较大但对居民区安全影响较小的或规模很小的路涵和桥梁可以不调查。

表 3.1.9　桥梁工程调查表

桥梁名称	桥梁长度	桥梁宽度	桥面高程	河底高程	桥梁底板高程	孔数	过水总宽	桥墩宽度	现状	经度	纬度	建成日期	备注

表 3.1.10 塘(堰)坝工程调查表

塘(堰)坝 名称	塘(堰)坝 长度	塘(堰)坝 高程	底坎高程 (上游侧)	堰底高程 (下游侧)	经度	纬度	建成日期

表 3.1.11 路涵工程调查表

涵洞名称	涵洞编码	涵洞高	涵洞长	涵洞宽	经度	纬度

3.1.4.7 重点防治区详查

重点防治区详查包括沿河村落详查和重要城(集)镇详查,还需测量住宅坐标和宅基地高程等。同一村落内的所有居民户的调查及断面测量、洪痕测量平面、高程的坐标系统必须一致。重要城(集)镇详查还可能需要测量地形图。

① 沿河村落调查范围为自然村(村民小组)居民户,调查内容一般包括:村落名称、村落代码、基准点经度、基准点纬度、基准点高程、户主姓名、家庭人口、住房(包括建筑面积、建筑类型、结构形式、经度、纬度、宅基高程、临水、切坡)(表3.1.12)。应测量住房坐标和宅基高程,将住房位置标绘在工作底图上。对住房拍摄满足分辨率要求(总像素不小于800×600)的住房照片。

② 重要集镇和城镇调查范围为居民户或住宅楼栋,调查内容一般包括:城(集)镇名称、城(集)镇代码、基准点经度、基准点纬度、基准点高程、地址(门牌号码)、楼房号、人员情况、住房(包括建筑面积、建筑类型、结构形式、经度、纬度、宅基高程、临水、切坡)(表3.1.13)。将住房位置标绘在工作底图上。对住房拍摄满足分辨率要求(总像素不小于800×600)的住房照片。

③ 对于沿河村落、重要集镇和城镇内的企事业单位,可参考②调查办公楼的相应信息。

④ 对重要城(集)镇、沿河村落居民户住房位置及基础高程进行测量,测量范围为历史最高洪水位(或可能淹没水位)以下的居民住房。测量要与河段内各组纵横断面河底高程测量同步进行,采用同一坐标系统和高程系。

表 3.1.12　沿河村落居民户调查表

县(市、区)名称					县(市、区)代码						
村落名称					村落代码						
基准点经度			基准点纬度			基准点高程						
序号	户主姓名	家庭人口(人)	住房								
			建筑面积(m²)	建筑类型	房屋结构	经度	纬度	宅基高程(m)	是否临水	是否切坡	历史最高水位洪痕高程

注：
1. 基准点经纬度：村落住房测量时作为标准基准原点经纬度，保留 6 位小数。与河道断面测量采用同一个基准点。
2. 建筑类型：住宅建筑按层数可分为①一层住宅、②二层住宅、③三层住宅、④三层以上住宅，选择以上一种建筑类型填写。
3. 房屋结构：①钢筋混凝土结构、②混合结构、③砖木结构、④其他结构（如竹木结构、砖拱结构、土坯房、土窑房、窑洞等），选择以上一种结构形式填写。
4. 宅基高程：村落居民住房的宅基面相对于基准点的高程，保留 2 位小数。

表 3.1.13　重要城(集)镇居民户调查表

县(市,区)名称		县(市,区)代码							
城(集)镇名称		城(集)镇代码							
基准点经度		基准点纬度		基准点高程					

序号	地址(门牌号码)	人员情况		住房情况								
		户数	总人数	建筑面积(m²)	建筑类型	房屋结构	经度	纬度	宅基高程(m)	是否临水	是否切坡	历史最高水位洪痕高程

3.1.4.8　历史洪水调查

洪水调查是收集水文资料的方法之一。洪水调查的目的是通过调查分析,加深对河流洪水规律的认识,弥补调查点或区域水文资料的不足。在进行山洪灾害调查评价时,需要计算分析评价对象的设计洪水,建立水位—流量关系、水位—人口关系,对防洪现状进行评价,这些工作都必须以洪水调查为基础。

山洪灾害历史洪水调查包括典型场次历史洪水调查和沿河村落洪痕调查两种方式。其中典型场次历史洪水调查一般以行政区划县(市、区)为调查对象,沿河村落洪痕调查一般以村落附近具体河沟为调查对象。两种方式相互联系、相互补充,但侧重点不同。典型场次历史洪水调查主要是反映调查行政区域的山洪灾害总体情况、洪水特征、区域内洪水及灾害分布、损失情况等。沿河村落洪痕调查主要是取得村落附近大洪水的高程水面线资料,用于分析确定水位—流量关系、复核现状防洪能力等方面,沿河村落洪痕调查的成果也可作为典型场次历史洪水调查的基础资料。危险区沿河村落河沟必须进行洪痕调查,与河沟断面测量同步进行。

典型场次历史洪水调查分析应结合水文基本资料的收集处理工作,按照历史洪水调查相关要求和规范进行现场调查,其主要内容如下:

(1) 流域基本情况调查

主要内容包括:流域地理位置、地形地貌、地质、土壤植被、河流水系、水文站网布置、水工程建设情况、社会经济概况等基本情况,并收集地形图及平面高程考证等资料。

(2) 历史山洪灾害情况调查

主要内容包括:山洪灾害发生位置、山洪灾害类型、山洪灾害发生时间、调查时间、降雨开始时间、最大雨强出现时间、降雨历时、总雨量、最大雨强、最大雨强至灾害发生的时距、降雨发生至灾害发生时距、调查最大洪水流量、调查最高水位、重现期、可靠性评定。

(3) 历史洪水痕迹(简称洪痕)调查及河道测量

调查洪痕位置并测量其高程和平面坐标,现场调查历史洪痕时,需做好洪水考证记录,包括:洪水发生时间、洪水痕迹(包括洪水编号、所在位置、高程、可靠程度)、指认人情况(包括姓名、性别、年龄、住址、文化程度)、洪水访问情况、调查单位及时间。

测量调查河段的纵断面和横断面,横断面上应标绘洪水位,纵断面上应绘出平均河床高程线、调查水面线、调查洪痕点及各调查年份历史洪水水面线,对各洪痕点结合水面线进行可靠性和代表性的分析和评定。

对于一些有重要价值及估算洪水大小有参考意义的调查访问资料应进行摄影,摄影的内容一般为:明显的洪水痕迹、河道形势和地形、河床及滩地的河床质及覆盖情况等。

（4）估算最高水位、洪水总量、洪峰流量和重现期等

山洪灾害历史洪水调查的核心是最高洪水位和洪峰流量，但仅有最高洪水位和洪峰流量，一般还不足以说明洪水的大小，还需要调查洪水过程。

（5）对调查成果进行可靠性评定，编写调查报告

应包括下列内容：调查工作的组织、范围和工作进行情况；调查地区的自然地理概况、河流及水文气象特征等方面的概述；调查对各次洪水、暴雨情况的描述和分析及其成果可靠程度的评价；洪水调查河段地形图或平面图（反映调查河段内河床地形及洪水泛滥情况，以工作底图为基础编制）；调查作出的初步结论及存在的问题；报告的附件，包括附表、附图、照片。

3.1.4.9　水文气象资料收集

以省为单位，以水文分区或县级行政区划为单元，由水文部门或专业技术单位负责收集整理水文气象基本资料，收集整理山洪灾害防治区水文气象资料和小流域暴雨洪水计算方法。

1. 暴雨参数资料

① 开展各地暴雨图集收集上报，同时收集暴雨图集制作所用雨量站最大 10 min、1 h、6 h、24 h（和其他时段）年最大点雨量对应的统计参数（均值 $\overline{X}$、变差系数 C_v、C_s/C_v），格式如表 3.1.14 所示。

② 收集各地 24 h 设计暴雨时程分配资料，以长短历时雨量同频率相包的形式分配时程雨量，以水文分区为单元收集 24 h 设计暴雨时程分配相关资料。

③ 收集各地水文分区对应的短历时暴雨时面深关系图（曲线、表等）。

表 3.1.14　_____测站暴雨统计参数表

政区代码	雨量站名称	雨量站代码	最大 10 min 暴雨			最大 30 min 暴雨			最大 1 h 暴雨			最大 3 h 暴雨			最大 6 h 暴雨			最大 24 h 暴雨		
			$\overline{X}$	C_v	C_s	$\overline{X}$	C_v	C_s	$\overline{X}$	C_v	C_s	$\overline{X}$	C_v	C_s	$\overline{X}$	C_v	C_s	$\overline{X}$	C_v	C_s

2. 历年水文站流量及其统计参数资料

① 收集全省山洪灾害防治区水文站历年平均流量、最大流量、最小流量，组成流量系列，按《基础水文数据库表结构及标识符标准》（SL 324—2005）年流量表（HY_YRQ_F）的格式进行收集。

② 收集全省山洪灾害防治区水文站年平均流量、最大流量、最小流量统计参

数(均值 $\overline{X}$、离差系数 C_v、C_s/C_v),利用其可以计算设计洪水。

3. 暴雨洪水资料

① 收集山洪灾害防治区水文站洪水要素摘录资料及其上游雨量站相应降雨摘录资料,用于小流域水文分析模型率定检验。收集资料时间为新中国建立至今,每年选择最大的一场洪水及其他场次 5 年一遇以上的较大洪水,资料系列不少于30 年。按《基础水文数据库表结构及标识符标准》(SL 324—2005)洪水水文要素摘录表(HY_FDHEEX_B)、降水量摘录表(HY_PREX_B)的格式进行收集。

② 收集山洪灾害防治区内蒸发站逐日蒸发资料,收集资料时间为建站至今。按《基础水文数据库表结构及标识符标准》(SL 324—2005)日水面蒸发量表(HY_DWE_C)的格式进行收集。

4. 测站的基本信息

按《基础水文数据库表结构及标识符标准》(SL 324—2005)中测站一览表(HY_STSC_A)的格式,填写测站的索引和最新的基本情况,

5. 流域设计暴雨洪水计算方法及相应参数取值

① 收集各地暴雨图集、中小流域水文图集、水文水资源手册(涵盖小流域设计暴雨洪水的计算方法、图表及参数等)等资料。包括各水文测站产汇流模型及其计算参数、汇流单位线及其计算参数、水文分区汇流计算的参数综合值或相关经验公式、综合公式。

② 收集各水文分区资料及对应的产流参数。

6. 编制工作报告

水文气象资料收集整理工作报告应包含资料说明、图表、纸质文档、电子文档。

3.1.4.10　标绘对象及拍摄照片对象

① 在工作底图上标绘的对象列表参见表 3.1.15。

表 3.1.15　标绘对象

序号	标 绘 内 容
1	企事业单位尤其是学校、幼儿园、敬老院、医院等山洪防治重点单位位置
2	需修改的小流域节点位置
3	小流域土地利用修改建议
4	危险区图
5	危险区转移路线和临时安置点
6	需采取工程治理措施的村庄、集镇及山洪沟的空间位置
7	塘(堰)坝、桥梁、路涵位置
8	沿河村落居民户住房位置
9	重要集镇和城镇居民住宅楼房位置

② 拍摄照片的对象列表参见 3.1.16。

表 3.1.16　拍摄照片对象列表

序号	标 绘 内 容
1	自然村概貌照片
2	企事业单位概貌照片
3	塘(堰)坝、桥梁、路涵工程主体工程照片
4	沿河村落居民住房照片
5	重要集镇和城镇调居民住宅楼房照片

3.1.5　检查

3.1.5.1　完整性与一致性检查

① 检查断面测量位置是否合理,淹没调查范围是否有遗漏,纵断面测量范围是否覆盖调查村落所处河段。

② 检查各个场次洪水水面线是否合理,是否存在洪水水面坡度大于河底坡度的异常情况,是否存在房屋基准高程低于河底高程的情况等。

③ 补充调查的高程基面是否与原调查采用基面一致。

④ 是否遗漏与历史洪水匹配的流域内或周边暴雨洪水资料搜集。

3.1.5.2　综合性对照检查

如果同一条河流有多个调查点,则还要开展流域综合性检查。依据水文要素在流域内的规律:同一场洪水,自上游向下游各个调查点调查流量递增,洪峰模数递减,同一条河流,洪水比降上游大、下游小,越是接近汇合口,洪水比降越小。

3.2　山洪灾害评价

3.2.1　评价内容

山洪灾害分析评价是在前期基础数据调查、山洪灾害调查的基础上,深入分析山洪灾害防治区暴雨特性、小流域特征和社会经济情况,研究历史山洪灾害情况,分析小流域洪水规律等。分析评价主要内容包括:

① 山洪灾害防治区内小流域暴雨洪水特征分析,主要针对 100 年一遇、50 年一遇、20 年一遇、10 年一遇、5 年一遇 5 种典型频率,分析计算小流域标准历时的设计暴雨特征值以及以小流域汇流时间为历时的设计暴雨雨型分配及对应设计洪水的特征值。

② 山洪灾害重点防治区内沿河村落、城(集)镇等防灾对象的现状防洪能力分析评价,主要包括成灾水位对应流量的频率分析以及根据 5 种典型频率洪水的洪峰水位、人口和房屋沿高程分布情况制作控制断面水位—流量—人口关系图表,分析评价防灾对象的防洪能力。

③ 对山洪灾害重点防治区内沿河村落、城(集)镇等防灾对象的危险区等级进行划分,将危险区划分为极高危险区、高危险区、危险区 3 级,并科学合理地安排转移路线和设置临时安置点。

④ 分析确定山洪灾害重点防治区内沿河村落、城(集)镇等防灾对象的预警指标,预警指标分为雨量预警指标和水位预警指标。

3.2.2　评价技术路线

山洪灾害分析评价工作是基于基础数据处理和山洪灾害调查的成果的,其针对沿河村落、集镇和城镇等具体防灾对象开展,按工作准备、暴雨洪水计算、分析评价、成果整理四个阶段进行。

1. 工作准备阶段

这一阶段的工作是根据山洪灾害调查结果,确定需要进行山洪灾害分析评价的沿河村落、集镇、城镇等名录。从基础数据和调查成果中提取与整理工作底图、小流域属性、控制断面、成灾水位、水文气象资料,以及现场调查的危险区分布、转移路线和临时安置地点等成果资料,对资料进行评估并选择合适的分析计算方法,为暴雨洪水计算和分析评价做好准备。

2. 暴雨洪水计算阶段

这一阶段的工作是假定暴雨洪水同频率,根据指定频率,选择适合当地实际情况的小流域设计暴雨洪水计算方法,对各个防灾对象所在的小流域进行设计暴雨分析计算,对相应的控制断面进行水位流量关系和设计洪水分析计算,得到控制断面各频率的洪峰流量、洪量、上涨历时、洪水过程以及洪峰水位,并论证计算成果的合理性。

3. 分析评价阶段

这一阶段的工作是基于小流域设计暴雨洪水计算的成果,进行沿河村落、集镇和城镇等防洪现状评价、预警指标分析、危险区图绘制等工作。

4. 成果整理阶段

这一阶段的工作是汇总整理分析计算成果,编制成果表,绘制成果图,撰写并提交分析评价成果报告。

3.2.3 暴雨洪水计算

3.2.3.1 设计暴雨计算

设计暴雨计算所涉及的小流域指的是防灾对象控制断面以上或以其下游不远处为出口的完整集水区域。设计暴雨计算是无实测洪水资料情况下进行设计洪水计算的前提,也是确定预警临界雨量的重要环节,计算内容包括确定和分析小流域时段雨量、暴雨频率和暴雨时程分配。

1. 暴雨历时确定

暴雨历时分析是根据流域大小和产汇流特性确定小流域设计暴雨所需要考虑的最长暴雨历时及其典型历时。暴雨历时分析包括流域汇流时间、常规标准历时和自行确定历时 3 类。

流域汇流时间是反映小流域产汇流特性最为重要的参数,是作为小流域设计暴雨计算所需要考虑的最长历时。确定流域汇流时间时,应基于前期基础工作成果提供的小流域标准化单位线信息,选定初值,再结合流域暴雨特性与下垫面情况,综合分析确定。

常规设计暴雨洪水要求的 10 min、1 h、6 h、24 h 这 4 种标准历时也应当作为山洪灾害分析评价设计暴雨的典型历时使用。

2. 暴雨频率确定

分析评价计算暴雨采用的频率为 5 年一遇、10 年一遇、20 年一遇、50 年一遇以及 100 年一遇 5 种类型。

3. 设计雨型确定

可采用现行暴雨图集、水文手册、中小流域水文图集、水文水资源手册等推荐的雨型,也可以采用典型场次资料分析。

4. 计算方法选择

应当根据流域特征和资料条件,对照指定的暴雨频率和降雨历时,分析计算相应的时段雨量和设计雨型。

时段雨量按以下方法计算:

① 在雨量观测资料短缺或无资料地区,可根据所在地区的暴雨图集、水文手册等基础性资料或者经过审批的各种降雨历时点暴雨统计参数等值线图,查算各种历时设计暴雨雨量;或者根据暴雨公式进行不同降雨历时设计雨量的转化。

② 在观测资料充分的地区,可以利用当地雨量观测系列资料推算暴雨统计参数,并以当地以及全国性暴雨图集和水文手册作为参证评价当地资料计算统计参数的合理性,并作适当修正。

③ 如果小流域所处地区雨量站网较密,观测系列又较长,可以直接根据设计流域的逐年最大面雨量系列资料作频率分析,以推求流域的时段雨量。

④ 对时段雨量为面雨量的资料,在面积较小的小流域,可以点雨量代表面雨量,不需要进行点雨量与面雨量的转换;如流域面积较大,可用相应历时的设计点雨量和点面关系间接计算时段雨量。

设计雨型采用时段雨量序位法、百分比法两种方法计算。

3.2.3.2　设计洪水分析

设计洪水分析中,假定暴雨与洪水同频率,基于设计暴雨成果,以沿河村落、集镇和城镇附近的河道控制断面为计算断面,进行各种频率设计洪水的计算和分析,得到洪峰、洪量、上涨历时、洪水历时四种洪水要素信息,再根据控制断面的水位流量关系,将洪峰流量转化为相应水位,为现状防洪能力评价、危险区等级划分和预警指标分析提供支撑。

1. 净雨分析

根据小流域设计暴雨成果,减去损失,得到净雨。减去损失应基于 5 种典型暴雨频率对应的以小流域汇流时间为历时的设计暴雨的时程分配成果进行,并由此得到相应的净雨时程分配成果。

2. 洪水频率确定

洪水频率与暴雨频率对应,即 5 年一遇、10 年一遇、20 年一遇、50 年一遇以及、100 年一遇 5 种类型。

3. 洪水要素确定

根据山洪的特点,洪水要素包括洪峰流量、洪量、上涨历时、洪水历时。

4. 洪水计算方法

根据流域水文特性、下垫面特征和资料条件,选择水文手册规定方法和分布式水文模型方法进行设计洪水计算。可以采用推理公式法、经验公式法计算设计洪水洪峰流量;当资料条件允许时,应当采用流域水文模型法分析。通常同时采用 2~3 种方法进行计算,分析各种方法的成果,选择最优成果或者综合处理后,作为洪水分析的最后成果。

选择方法时,应遵循以下原则:

① 推理公式法和单位线法:参照《水利水电工程设计洪水计算规范》(SL 1144—2006)的要求进行。

② 经验公式法:根据水文手册等,选择尽可能全面反映洪峰流量与流域几何特征(集水面积、河长、比降、河槽断面形态等)、下垫面特性(植被、土壤、水文地质等)以及降雨特性之间相关关系的经验关系式进行设计洪水计算。

③ 流域水文模型法:当流域面积较大、产流和汇流条件空间差异较大,或者包含坡面型、区间型等特殊类型小流域时,可以将流域划分成几个计算单元,分别进

行产流和汇流计算,再经河道演算叠加后,作为沿河村落、城(集)镇所在河道控制断面的设计洪水。基于山洪灾害调查的工作成果,建议采用分布式水文模型进行计算。

④ 如有符合当地情况的算法,也可使用,但应在分析评价报告中详细说明。

5. 水位—流量计算

采用水位—流量关系或曼宁公式等水力学方法,将沿河村落、城(集)镇河道控制断面设计洪水洪峰流量转换为对应的水位,绘制水位—流量关系曲线。具体可参照《水工建筑物与堰槽测流规范》(SL 537—2011)中的比降面积法进行计算。如果有实测的相关资料或成果,应优先采用实测数据。比降和糙率是水位—流量转换的重要参数,二者的确定原则和方法如下:

(1) 比降

① 如果沿河村落、城(集)镇的河道上、下游有历史洪水洪痕的沿程分布资料,以洪痕确定水面线,采用洪痕水面线比降作为水位—流量转换中的比降。

② 如果有近年来洪水发生的洪水水面线,采用该水面线比降作为水位—流量转换中的比降。

③ 如果有中、小洪水发生时的实测水面线,采用该水面线比降作为水位—流量转换中的比降。

④ 如果没有水面线信息,可采用沿河村落、城(集)镇的河床比降作为水位—流量转换中的比降。

以上 4 种方法中,如资料条件允许,应优先采用第 1、2 种方法,然后才考虑采用第 3 种方法,第 4 种方法仅为无资料时采用。

(2) 糙率

参照沿河村落、城(集)镇所在河流的沟道形态、床面粗糙情况、植被生长状况、弯曲程度以及人工建筑物等因素确定:

① 如果有实测水文资料,应采用该资料进行推算,确定水位—流量转换中的糙率;

② 如果无实测水文资料,应根据沟道特征,参照天然或人工河道典型类型和特征情况下的糙率,确定水位—流量转换中的糙率。

根据水位—流量关系和河道比降,将居民住房位置及高程测量成果"沿河村落居民户调查表")转换为控制断面的水位—人口关系曲线。按 0.5~1 m 的水位间距统计对应控制断面该水位下的累积人口、户数和房屋数,填写控制断面水位—流量—人口关系表(表 3.2.1)。

表 3.2.1　控制断面水位—流量—人口关系表

序号	行政区划名称	行政区划代码	流域代码	控制断面代码	水位(m)	流量(m³/s)	重现期(年)	人口(人)	户数(户)	房屋数(座)
1										
2										

6. 合理性分析

采用以下方式,进行设计洪水的合理性分析:

① 与历史洪水资料或本地区调查大洪水资料进行比较分析。

② 与本地区实测洪水资料成果进行比较分析。

③ 与气候条件、地形地貌、植被、土壤、流域面积和形状、河流长度等方面均高度相似情况的设计洪水成果进行比较分析。

④ 采用多种方法进行分析计算,比较分析所有成果。

7. 成果要求

提供分析评价对象控制断面各频率(重现期)设计洪水的洪峰、洪量、上涨历时、洪水历时等洪水要素以及控制断面各频率洪峰水位等信息,详见表 3.2.2。

表 3.2.2　控制断面设计洪水成果表

序号	行政区划名称	行政区划代码	流域代码	控制断面代码	洪水要素	重现期洪水要素值					
						可能最大洪水	100年一遇	50年一遇	20年一遇	10年一遇	5年一遇
1					洪峰流量						
					洪量						
					涨洪历时						
					洪水历时						
					洪峰水位						

续表

序号	行政区划名称	行政区划代码	流域代码	控制断面代码	洪水要素	重现期洪水要素值					
						可能最大洪水	100年一遇	50年一遇	20年一遇	10年一遇	5年一遇
2					洪峰流量						
					洪量						
					涨洪历时						
					洪水历时						
					洪峰水位						

3.2.4　防洪现状评价

防洪现状评价是在设计洪水计算分析的基础上,分析沿河村落、城(集)镇等防灾对象的现状防洪能力,进行山洪灾害危险区等级划分以及各级危险区人口及房屋统计分析,为山洪灾害防御预案编制、人员转移、临时安置等提供支撑。

现状防洪能力分析的主要内容是沿河村落、城(集)镇等防灾对象成灾水位对应洪峰流量的频率分析,并根据需要辅助分析沿河道路、桥涵、沿河房屋地基等特征水位对应洪峰流量的频率,统计确定成灾水位(其他特征水位)、各频率设计洪水位下的累计人口和房屋数,综合评价现状防洪能力。

3.2.4.1　成灾水位对应的洪水频率分析

现状防洪能力以成灾水位对应流量的频率表示,成灾水位由现场调查测量确定。分析时,采用水位—流量关系式或曼宁公式等水力学方法,求出成灾水位对应的洪峰流量,采用频率分析法或者插值法等方法,确定该流量对应的洪水频率。

根据需要可分析其他特征水位(沿河道路、桥涵、沿河房屋地基等特征高程)对应的洪峰流量,采用频率分析法或者插值法等方法,确定各流量对应的洪水频率。

采用曼宁公式将成灾水位转化为对应的洪峰流量时,仍需按照上文所述的原则和方法确定比降和糙率

3.2.4.2　现状防洪能力确定

根据现场调查的沿河村落、城(集)镇人口高程分布关系,统计确定成灾水位(及其他特征水位)、各频率设计洪水位下的累计人口和房屋数,绘制防洪现状评价图。图中应包括水位流量关系曲线、各特征水位及其对应的洪峰流量和频率以及各频率洪水位以下的累计人口(户数)和房屋数。根据防洪现状评价图,结合控制

断面水位流量关系特点,综合确定沿河村落、集镇和城镇等防灾对象的现状防洪能力。

3.2.4.3　危险区等级划分

1. 危险区范围确定

在现场调查中,已初步确定了危险区范围、转移路线和临时安置地点。应通过分析评价危险区范围进行核对和分级。危险区范围为最高历史洪水位和100年一遇设计洪水位中的较高水位淹没范围以内的居民区域。如果进行过可能最大暴雨(PMP)、可能最大洪水(PMF)计算,可采用其计算成果确定的淹没范围为危险区

2. 危险区等级划分方法

采用频率法对危险区进行危险等级划分,并统计人口、房屋等信息。根据5年一遇、20年一遇、100年一遇的洪水位或最高历史洪水位(或PMF的最大淹没范围),确定危险区等级,结合地形地貌情况,划定对应等级的危险区范围。在此基础上,基于危险区范围及山洪灾害调查数据,统计各级危险区对应的人口、房屋以及重要基础设施等信息。危险区划分还应注意以下两点:

① 根据具体情况适当调整危险区等级。如果按表3.2.3划分的危险区内存在学校、医院等重要设施或者河谷形态为窄深型,到达成灾水位以后,水位—流量关系曲线陡峭,对人口和房屋影响严重的情况,应提升一级危险区等级。

② 考虑工程失事等特殊工况对危险区进行划分。如果防灾对象上下游有堰塘、小型水库、堤防、桥涵等工程,且有可能发生溃决或者堵塞洪水情况的,应有针对性地进行溃决洪水影响、壅水影响等简易分析,进而划分出特殊工况的危险区,重点是确定洪水影响范围,并统计相应的人口和房屋数量。

表 3.2.3　洪水危险区等级划分标准

危险区等级	洪水重现期(年)
极高危险区	小于5年一遇
高危险区	大于等于5年一遇,小于20年一遇
危险区	大于等于20年一遇至历史最高洪水位

3.2.4.4　转移路线和临时安置地点确定

在危险区等级划分的基础上,还应结合河村落、城(集)镇等防灾对象的地形地貌、交通条件等信息,对现场调查确定的转移路线和安置地点进行评价和修订,以确定最佳的转移路线和临时安置地点。

3.2.5　预警指标分析

预警指标是山洪灾害预警的重要依据。山洪灾害预警指标一般分为雨量预警指标和水位预警指标两类。现阶段国内外以雨量预警指标在山洪灾害防治中应用较为普遍,水位预警指标由于受条件限制,应用相对较少。

3.2.5.1　雨量预警指标分析

雨量预警指标是通过分析不同预警时段的临界雨量得出的。临界雨量指一个流域或区域发生山溪洪水可能致灾时,即达到成灾水位时,降雨达到或超过的最小量级和强度。降雨总量和雨强、土壤含水量以及下垫面特性是临界雨量分析的关键因素。基本分析思路是根据成灾水位,采用比降面积法、曼宁公式或水位—流量关系等方法,推算出成灾水位对应的流量值,再根据设计暴雨洪水计算方法和典型暴雨时程分布,推算设计洪水洪峰达到该流量值时,各个预警时段设计暴雨的雨量。雨量预警指标可以通过经验估计法、降雨分析法以及模型分析法分析得到,各种方法的基本流程分为确定预警时段、分析流域土壤含水量、计算临界雨量、综合确定预警指标四个步骤。

1. 预警时段确定

预警时段指雨量预警指标中采用的最典型的降雨历时,是雨量预警指标的重要组成部分。受防灾对象上游集雨面积大小、降雨强度、流域形状及其地形地貌、植被、土壤含水量等因素的影响,预警时段会发生变化。

预警时段确定原则和方法如下:

(1) 最长时段确定

将防灾对象所在小流域的流域汇流时间作为每个流域沿河村落预警指标的最长时段。

(2) 典型时段确定

针对每个沿河村落,对小于最长时段的典型时段,应根据防灾对象所在地区暴雨特性、流域面积大小、平均比降、形状系数、下垫面情况等因素确定。确定比汇流时间小的短历时预警时段,如 1 h、3 h 等。一般选取 2~3 个典型预警时段。如汇流时间为 6 h,则一般给出 1 h、3 h、6 h 的临界雨量。

(3) 综合确定

充分参考前期基础工作成果总结的流域单位线信息,结合流域暴雨、下垫面特性以及历史山洪情况,综合分析沿河村落、集镇、城镇等防灾对象所处河段的河谷形态、洪水上涨速率、转移时间及其影响人口等因素后,确定各防灾对象的各典型预警时段,从最小预警时段直至流域汇流时间。

2. 土壤含水量计算

流域土壤含水量对流域产流有重要影响,是雨量预警的重要基础信息,主要用于分析计算净雨量,并进而用于分析临界雨量阈值。

计算土壤含水量时,可直接采用水文部门的现有成果;若资料极为缺乏,可以采用前期降雨量对流域土壤含水量进行估算,推荐采用流域最大蓄水量估算法。

3. 计算临界雨量

在确定成灾水位、预警时段以及土壤含水量的基础上,考虑流域土壤较干、含水量一般以及较湿等情况,选用经验估计、降雨分析以及模型分析等方法,计算沿河村落、城(集)等防灾对象的临界雨量。

4. 综合确定预警指标

沿河村落、城(集)镇等防灾对象因所在河段的河谷形态不同,洪水上涨与淹没速度会有很大差别,这些特性对山洪灾害预警、转移响应时间、危险区危险等级划分等都有一定影响。考虑防治对象所处河段河谷形态、洪水上涨速率、预警响应时间和站点位置等因素,在临界雨量的基础上综合确定准备转移和立即转移的预警指标,并利用该预警指标进行暴雨洪水复核校正,以避免与成灾水位及相应的暴雨洪水频率差异过大。

5. 合理性分析

可采用以下方法,对预警指标进行合理性分析:

① 与当地山洪灾害事件实际资料对比分析。

② 将各种方法的计算结果进行对比分析。

③ 与流域大小、气候条件、地形地貌、植被覆盖、土壤类型、行洪能力等因素相近或相同的沿河村落的预警指标成果进行比较和分析。

3.2.5.2 水位预警指标分析

山洪灾害水位预警是通过分析防灾对象所在地上游一定距离内典型地点的洪水位,并将该洪水位作为预警指标的方式。原则上应保证山洪从上游演进至下游防灾对象的时间不应小于转移时间,否则会因时间过短失去预警的意义。

水位预警方式应满足两个:

① 预警对象控制断面上游某地能观测水位,且上、下游水位具有相应关系。

② 从时间上来讲,预警时间要大于转移所需要的最小时间。

水位预警指标的分析常采用上、下游相应水位法确定上游临界水位,临界水位一般即为立即转移水位预警指标。准备转移水位预警指标则要根据防治对象人口数量、安置点及转移路线情况、水位变化速率、洪水传播时间等确定。

相应水位法是一种简易实用的水文预报方法。该方法中,洪水波的同一位相点(如起涨点、洪峰、波谷等特征点)通过河段上、下游断面时表现出来的水位,彼此间成为相应水位,从上断面至下断面所经历的时间即传播时间。与下游预警对象控制断面成灾水位相应的上游观测断面水位为临界水位。临界水位的确定可以采用上、下游水位相关分析法,还可采用其他常用的水面线推算法和适合山洪的洪水演进方法确定。除此之外,还可根据同一场次洪水上、下游洪痕水面比降,推算上游水位观测断面的相应水位作为临界水位。

如果相关条件具备,确定上游临界水位可采用相关分析法。建立上、下游水位相关关系需要利用预警对象控制断面水位和上游水位观测断面的多年实测资料,点绘水位相关图,通过点群中心绘制相关关系线(图 3.2.1),关系线可以是直线,也可以是曲线,还可以是折线,具体体根据实测资料确定,应符合河道特性。关系线确定后,即可利用下游预警对象控制断面成灾水位查读关系线,以得到上游水位观测断面的临界水位,此即可确定为预警对象的立即转移水位预警指标。

洪水演进方法根据河道洪水波运动原理,分析洪水波上任一位相点的水位沿河道传播过程中的水位值与传播速度的变化规律,即研究河段上、下游断面相应水位间和水位与传播速度之间的定量规律,并据此进行水位预警。通常情况下,可采用水动力模型进行洪水演进计算,一般以下游成灾水位作为控制条件,以上游相应流量作为入流控制条件,有支流入汇的,需要考虑支流的相应流量。

上、下游相应水位法确定水位预警指标,适用于河道上游段较长、传播时间较长且上游有水位观测的地区,需要防治对象上游断面具有实测水位数据,且能建立上、下游水位相关关系,但是这对于多数小流域而言,存在相当多的困难。

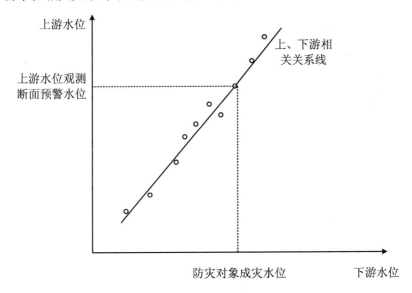

图 3.2.1　利用上、下游水位相关关系确定水位预警指标示意图

3.2.6　危险区图绘制

危险区图是在山洪灾害调查评价工作底图(或更大比例地图)上,将防洪现状评价成果直观展现出来,为山洪预警、预案编制、人员转移、临时安置等工作提供

支撑。

危险区图根据危险区等级对应频率的设计暴雨洪水淹没范围进行绘制,如防灾对象上、下游有堰塘、小型水库、堤防、桥涵等工程,且有可能发生溃决或者堵塞洪水情况的,应另外绘制特殊工况的危险区图。

3.2.6.1　危险区图

危险区图应包括基础底图信息、主要信息和辅助信息 3 类,各类信息如下:

1. 基础底图信息

即遥感底图信息:包括行政区划、居民区范围、危险区、控制断面、河流流向、对象在县级行政区的空间位置;

2. 主要信息

主要信息包括各级危险区(极高、高中、危险)空间分布及其人口(户数)、房屋统计信息,转移路线,临时安置地点,典型雨型分布,设计洪水主要成果,预警指标,预警方式,责任人,联系方式等;

3. 辅助信息

包括编制单位、编制时间,以及图名、图例、比例尺、指北针等地图辅助信息。

3.2.6.2　特殊工况危险区图

特殊工况危险区图在危险区图基础上增加了以下信息:

① 特殊工况、洪水影响范围及其人口、房屋统计信息。

② 增加工程失事情况说明、特殊工况的应对措施等内容,其余内容同危险区图。

第4章 信息监测

　　根据山洪灾害防治监测预警的需求,完善符合各县实际的雨情、水情、汛情监测体系,在共享水文、气象和前期项目已建自动监测站点基础上,优化各县自动监测站网布局,补充雨水情监测站点,辅以视频/图像监测站建设。根据安徽省水利信息化顶层设计要求,安徽省山洪灾害防治非工程措施信息监测体系建设技术路线如图 4.0.1 所示。

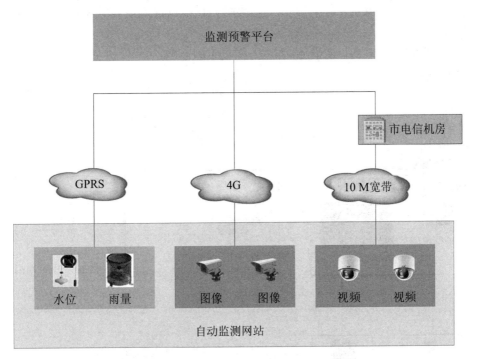

图 4.0.1　安徽省山洪灾害防治非工程措施信息监测体系建设技术路线图

4.1　雨水情自动监测站

4.1.1　站点技术要求

4.1.1.1　总体结构

雨水情自动监测站以 RTU 遥测终端为核心,根据站点类型配置相应水位计、雨量计、通信终端、供电设备以及防雷接地系统,可实现雨水情信息的自动采集和传输。目前,安徽省各地已建雨水情自动监测站里,水位观测设备主要采用浮子式水位计,雨量观测设备主要采用翻斗式雨量计,供电设备主要采用太阳能浮充蓄电池方式。

山洪灾害防治非工程措施雨水情自动监测站总体结构组成示意图可参见图 4.1.1。

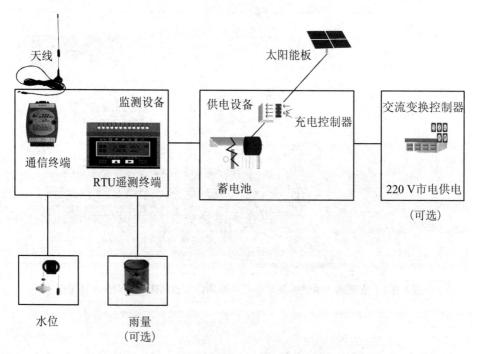

图 4.1.1　雨水情自动监测站总体结构组成示意图

4.1.1.2　信息传输要求

1. 数据落地

安徽省水利信息中心前期已建成（安徽省）省级雨水情统一采集软件，新建雨水情自动监测站点监测数据需通过该软件落地到安徽省水利信息中心，并支持远程升级通信协议，远程设置站点采集频度、IP 地址等参数。

雨水情自动监测站全省统一采集组网结构示意图参见图 4.1.2。

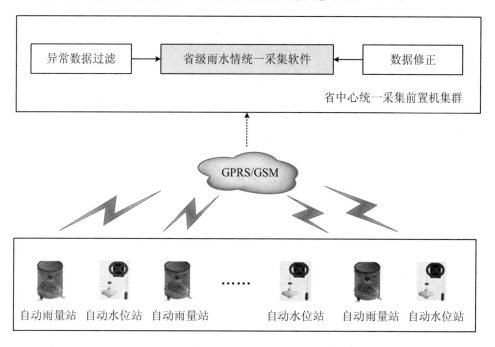

图 4.1.2　雨水情自动监测站全省统一采集组网结构示意图

2. 站点通信方式

自动监测站与省中心平台的通信方式优先使用无线公网传输数据，包括 4G、GPRS、GSM 通信。无线公网不能覆盖的地区或有特殊要求的站点可选用卫星等通信方式。

3. 站点通信协议

自动监测站点的传感器（水位计、雨量计）与 RTU 遥测终端的接口及数据通信协议、自动监测站与省中心平台之间的数据通信协议要严格按照《水文监测数据通信规约》（SL 651—2014）执行。

4. 测站配置参数

① IP 地址：61. 190. 26. 87，端口号：6001，协议：TCP，字符编码采用 HEX 编码；

②测站报文需使用的功能码包括:31,32,33,34;

③通信密码设置为0000,通信方式需设置为应答模式,不要设置为在线模式;

④设置通信模块时,选取SIM卡后10位进行参数设置;

⑤RTU的时钟应设置校时,可通过SIM卡运营商、水文监测数据通信规约与平台2种方式进行校时,校时频率为每天1次;

⑥查询/应答式:设置省中心平台可远程修改RTU参数或进行随机召测;

⑦站点数据上报要求:水位采集数据须加基面高程后上报,即上报数据＝采集数据＋基面高程;

⑧站点数据上传使用SIM卡号后10位作为站点唯一标识进行上传。

4.1.1.3　供电要求

雨水情自动监测站点供电设计的原则是"阴雨天连续工作时间应不少于30天"。各监测站采用"太阳能＋蓄电池直流浮充"的供电方式。在日照期间利用太阳能给蓄电池充电,在夜间或连续阴雨期间,使用蓄电池存储的电能。

电源模块需有可靠的防雷设计,以有效避免从电源回路引入的雷电冲击。监测站电池容量配置应综合考虑各种设备的功耗及其当地气候条件等因素,设计采用不低于24 W太阳能板38 AH蓄电池。

供电系统的电池电压情况定期通过RTU报送到中心站,便于管理人员掌握设备运行状态。

4.1.1.4　防雷接地要求

以霍邱县雨水情自动监测站防雷接地实施为例,在遵循《建筑物防雷设计规范》(GB 50057—2010)和《电子设备雷击保护导则》(GB 7450—87)等国家有关行业标准的基础上,根据监测站周围环境因素、设备对雷电电磁脉冲的抗扰度以及测站设备的重要性,综合采取外部防雷和内部防雷等措施,可最大限度降低雷击事故造成的人身伤亡和财产损失。

1. 外部防雷方案

外部防雷主要是防直击雷对监测站造成的损坏,主要避雷装置包括避雷针、引下线和接地体三部分。

在监测站顶端架设避雷针,要使监测站所有设备都安装在低于避雷针45°角的保护范围内,引下线采用导电性能好的热镀锌钢管,镀锌管底部焊接50 cm×50 cm的金属网或金属板作为接地体。雷电发生时,避雷针将雷电电流引向自身,然后通过引下线和接地体,将雷击电流泄入大地,避免监测设备直接遭到雷击,起到避雷的效果。参照相关防雷规范要求,防雷接地电阻应不大于4 Ω。避雷针要与设备绝缘。

2. 内部防雷方案

内部防雷主要是防感应雷和落地雷对监测站造成的损坏,主要避雷措施如下:

① 所有传输线缆、电子设备均由 PVC 绝缘层实现与直击雷防护系统之间的隔离,既可以防护落地雷的电位反击对电子设备的损害,又可以防护直击雷释电不及时造成的感应电压对电子设备的损害;

② 由于感应雷对遥测设备的入侵途径主要是电源线和信号线,因此在现场实施时,要对设备安装位置和安装方式进行改进,尽量减少连接线的长度;

③ 信号线缆与 RTU 设备连接端应安装信号避雷器,避免信号线缆遭受雷电的侵害。

4.1.1.5　数据报送要求

采用自报式、查询/应答式兼容的混合式报送体制,具体要求如下:

1. 自报式

根据量级和需求由中心设定自报时间,在自动监测站设备控制下可采用增量自报、定时自报及限时自报三种方式。

① 增量自报:每当被测水文参数发生一个规定的增减量变化时即自动向监测中心发送一次数据;

② 定时自报:每隔一定时间间隔,不管参数有无变化,即采集和报送一次数据,监测中心的数据接收设备始终处于值守状态;

③ 限时自报:为防止水位波动太大造成遥测终端发射过于频繁,RTU 遥测终端应具有限时发送功能。

2. 查询/应答式

由监测中心设定自动定时巡测或随机召测,自动监测站自动响应,当自动监测站接受监测中心的查询(召测)时,能实时采集相应数据并发送给监测中心。定时自动巡测的时间间隔,可根据数据处理和预报作业的需要进行设定。

自动监测站建设要求能够通过监测中心远程设置上述数据传输体制,无需修改硬件,并且能够自动或根据监测中心指令增减传送数据频度。自动监测站点须至少每天上午 8:00 发送一次平安报,上报电池电压、信号强度等运行状态信息。

4.1.1.6　站点编码

站点系统集成后,雨水情站点由省水文局以县(市、区)为单位按照国家水文标准《水情信息编码标准》(SL 330—2011)进行站点统一编码。

4.1.1.7　站点注册要求

雨水情自动监测站点监测数据进入平台前,要在省中心平台进行注册,包括基本信息(站点位置、流域面积、河流名称等)、水文信息(死水位、设计洪水位、校核洪水位、坝顶高程等)、站点设备信息、站点管理信息等,注册界面参见图 4.1.3。

图 4.1.3　雨水情站点基础信息注册界面

4.1.2　站点设施要求

4.1.2.1　总体要求

自动水位监测站点应设置在河岸顺直,水位代表性好,不易淤积,主流不易改道的位置。浮子水位计的浮子避免放置在放水涵、放水闸等水工建筑物泄流的紊流区,避免浮子与平衡锤间钢绳缠绕,导致仪器失效。当条件限制,井管只能依附于放水涵闸无法回避紊流区时,井管底部需改加 L 形连通管,让水平进水管口避开泄流的紊流区。

雨量筒应避开障碍物周边,当无法避开时,障碍物到雨量筒的距离与障碍物的高度比不得小于两倍。水位雨量监测设施周边 20 m 范围内不得有高秆作物、树木等。

每个自动水位监测站点增设水尺桩或直读式水尺,可以在现场直观观测水位,并在水尺桩附近设置校核水准点 2 个。仪器集成在室内(空间)时,仪器、仪表应布局简洁、布线规范,这样既便于运行维护,又有序美观。仪器保护箱必须满足防锈要求,标注"安徽省水情自动测报"字样。安装集成要杜绝斜线、空中悬线、地面铺线、裸露接线等情况。站点建成后要有防破坏、防攀爬、防溺水等警示标志及措施。

4.1.2.2　量程要求

水位监测的量程要求既要满足防汛需要,也要满足抗旱评价的需要。水位计最低可测水位需在死水位以下 $0.1 \sim 1.0$ m;当历史最低水位低于死水位时,水位计最低可测水位需在历史最低水位以下 0.1 m。水位计最高可测水位为水利工程坝高以上 0.2 m。

浮子式水位计码盘上浮子与平衡锤之间的循环钢绳长度关系如下:

$$L = H + 2h + 0.3$$

循环钢绳的长度设置原则是:水位为最低可测水位时,浮子不搁浅,平衡锤上沿不受限;水位为最高可测水位时,平衡锤不搁浅,浮子上沿不受限,如图 4.1.4 所示。

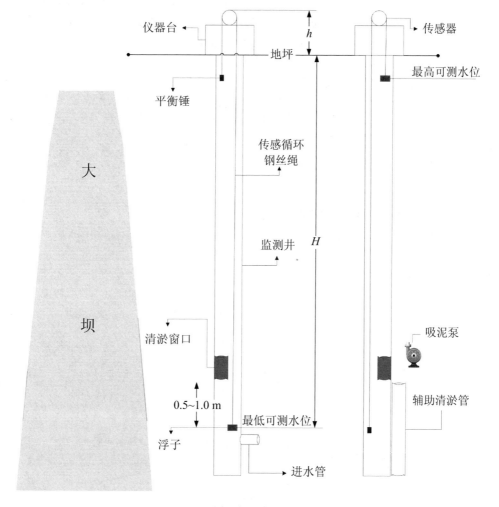

图 4.1.4　浮子与平衡锤安装示意图

4.1.2.3　断面勘测要求

断面勘测是确定水位自动监测量程的前期条件,对于水库水位自动监测站,断面勘测有别于河道大断面,侧重于监测井位置的高程与既有放水涵闸底部高程、水库大坝坝顶高程、溢洪道堰顶高程以及水库特征水位之间的关系。

如图4.1.5所示,断面勘测的迹线视情分两种:

① 当井管依附于放水涵构筑物时,如图4.1.5(a)所示,以放水涵栈桥方向为迹线(一般垂直于水库大坝轴线),从坝顶开始到水下,并勘测坝顶高程、溢洪道堰顶高程、放水涵底高程,同步标注历史最低水位、死水位。放水涵无栈桥时,以井管位置与大坝轴线垂直投影为迹线。

② 当建设栈桥式时,如图4.1.5(b)所示,直接以栈桥方向为迹线,断面迹线未与大坝轴线相交时,图中仍需标注大坝坝顶高程、溢洪道堰顶高程、放水涵底高程,同步标注历史最低水位、死水位;标准井、岛式类同。

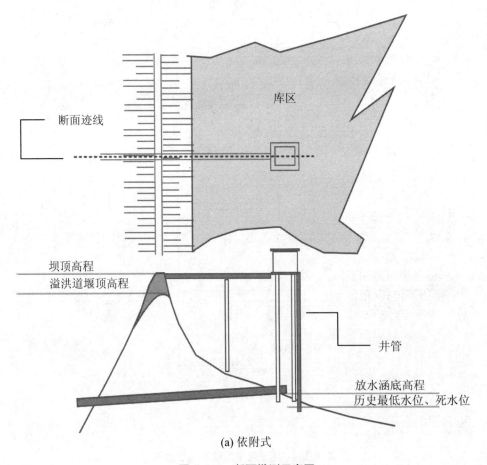

(a) 依附式

图 4.1.5　断面勘测示意图

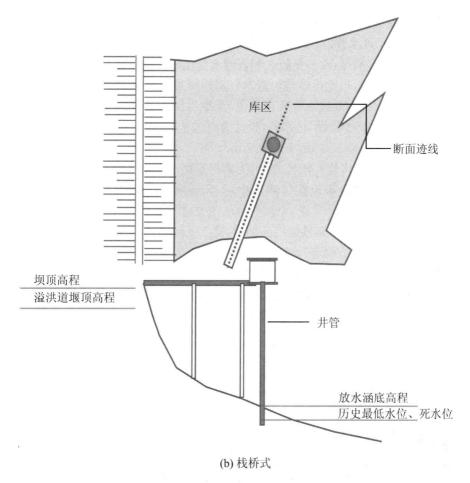

(b) 栈桥式

图 4.1.5 断面勘测示意图(续)

4.1.2.4 建设型式要求

水位自动监测站点的建设型式根据现场情况的不同,主要有标准井式自动水位站、傍物固定式(依附式)自动水位站、自固定式(简易岛式)自动水位站。

1. 标准井式

对于现场无依附条件的站点,可建设标准井式自动水位站。如图 4.1.6、图 4.1.7 所示,标准井式自动水位站分为带栈桥和不带栈桥两种,主要建设内容包括准水位井、仪器房、交通桥、防护栏、水尺桩、水准点等。

① 标准水位井:井筒采用不低于 C20 的钢筋混凝土现浇,井壁要光滑、垂直,有效内径不小于 1.2 m,壁厚不小于 0.2 m,测井平台应高出历史最高水位(一般为 50 年一遇级洪水水位)1 m,进水管应在历史最低水位 0.5 m 以下,井底底板高程低于进水管 0.5～1.0 m,测井内径应不小于 300 mm。最终水位计井要进行基础

承载能力、抗倾覆、危险截面、进水管内径等计算,以确保在高洪期能正常使用。

②测井底及进水管应设防淤和清淤设施:应设计沉砂池避免泥沙在测井内大量淤积而影响正确测量,含沙量较大和有冲淤变化的测站应建两级或多级沉砂池。卧式进水管应在入水口建沉砂池。进水管采用矩形截面钢筋混凝土结构,为解决泥沙淤积问题,视河流及进水管长度情况,至少需设置1个沉砂池,规格为1.6 m×1.6 m×0.5 m,利于清淤,进水管(设计为双进水管)底部设滤网以防杂物进入,进水口内径为0.4 m×0.4 m,壁厚0.2 m。

③仪器房:仪器房建在水位井上,为面积不小于2 m×2 m的砖混结构,装铁门、铁窗。自动监测设备放在仪器房中,太阳能板、雨量计、天线等安装在仪器房顶。

④交通桥:采用板式钢筋混凝土结构,宽1.2 m,厚0.2 m,桥墩为0.6 m×1 m矩形截面钢筋混凝土结构。

⑤防护栏:采用304不锈钢材质,高度(扶手上平面距地面)不低于1 m,立杆垂直间距不大于0.11 m。防护栏应采用膨胀栓与交通桥固定,整体均布荷载不低于1 000 N/m。

图4.1.6　标准井式(带栈桥)自动水位站示意图

图 4.1.7　标准井式(标准岛式)自动水位站示意图

2. 傍物固定式(依附式)

依附式自动水位站是采用简易测井代替标准水位井的自动水位站,又称傍物固定式。如图 4.1.8 所示,对于现场有垂直可依附结构的站点,可以建设依附式自动水位站。

① 一般将启闭机房地面开孔,建设水位计平台,如闸室内不适合安装也可靠外墙垂直面安装。

② 水位井采用不低于 Ø300 热镀锌钢管或 PE 管代替测井。井管长度根据水位监测量程确定,最高洪水位在 10 m 以内的,测井一般采用热镀锌钢管,垂直依附建筑无法承受热镀锌钢管重量的,可根据实际情况采用 PE 管代替;为便于安装,最高洪水位在 10 m 以上的,可用 PE 管代替。热镀锌钢管通过镀锌角钢固定在水工建筑物上,并保证浮子和平衡锤吊索不缠绕。

③ 防淤积措施:在底部管壁上开 0.3 m×0.4 m 活动窗口,利用吸沙泵清淤。井管底部要求设滤网与水体联通,以防杂物进入,同时避免泄流引起水位陡落产生传感器脱滑。浮子与平衡锤分别放入管中。

图 4.1.8　依附式自动水位站示意图

3. 自固定式（简易岛式）

如图 4.1.9 所示,对于现场无垂直可依附结构的站点,可以建设简易岛式自动水位站。简易岛式自动水位站适用于不易受冰凌、船只及漂浮物撞击的河道、湖泊和水库。

① 简易岛式自动水位站需要在站点安装位置先预制混凝土基座用于固定简易水井,基座采用 C20 混凝土浇筑,基础尺寸不低于 1.2 m×1.2 m×1 m,具体尺寸根据地基土质、测井高度等实际情况,适当调整,以保证安全可靠为准。基础上预埋法兰盘(18 mm 钢板),井下焊法兰盘与基础法兰连接。

② 钢管自记井采用有效内径不低于 300 mm 的热镀锌钢管,井管长度根据水位监测量程确定,地面高度不低于 3.5 m,同时满足工作台高于历史最高洪水水位0.5 m。

③ 防淤积措施:岛式自动水位站鉴于井管承重因素,可在底部布设辅助清淤管。井管底部要求设滤网与水体联通,以防杂物进入,并避免泄流引起水位陡落导致传感器滑脱。

图 4.1.9 简易岛式自动水位站示意图

4.1.2.5 水准点埋设要求

水准点(简称 BM)是人工观测水尺零点高程接引的依据,水准点埋设位置应该设在历史最高水位以上 0.5 m 处,埋设于地下一定深度,如图 4.1.10 所示,也可以将标志直接灌注在坚硬的岩石层或坚固的永久性的建筑物上,以保证水准点能够稳固、安全、长久保存,便于引测。

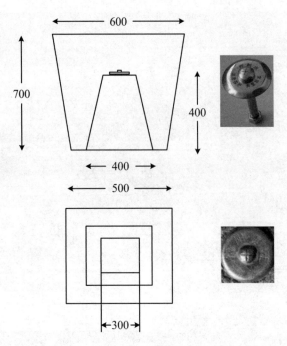

图 4.1.10　水准点埋设要求示意图(单位:mm)

4.1.2.6　人工水位观测设施要求

人工水位观测设施是自动测报站运维校验的基本条件,无论水位自动测报采取什么方式,人工水位观测设施都是必需的。按《水位观测标准》(GBJ 138—90)规定,人工水位观测设施包括:人工观测水尺、观测道路等辅助设施。人工观测水尺有立桩式和直读式两种方式。

1. 立桩式人工观测水尺

立桩式人工观测水尺如图 4.1.11 所示。两相邻观测水尺之间重叠 0.1～0.2 m,各水尺自上而下依次编号($P_1,P_2,\cdots$),接测各个编号水尺的零点高程,观读时依据读数加上该水尺零点高程即为水位。当更换水尺牌时,需要重新测量被更换的水尺牌零点高程。

2. 直读式

直读式(人工观测)水尺如图 4.1.12 所示,安装时候需要事先测量各个水尺整米数位置,并在旁测醒目喷涂整米数值,再依次安装水尺牌,观测时直接依整米数加水尺读数。

图 4.1.11　立桩式人工观测水尺建设示意图

图 4.1.12　直读式人工观测水尺建设示意图

4.1.2.7　设备箱要求

设备箱设置在露天,会经受雨水,这要求电气设备等不会因为漏水造成短路;箱体进出线口需带防水锁扣,箱体应该有防盗措施。材质建议选择 304 不锈钢,背板厚度应不小于 1.5 mm,其余面板厚度不小于 1.2 mm;设备箱尺寸为 445 mm(宽)×310 mm(深)×625 mm(高);设备箱内部尺寸及布局参见图 4.1.13。

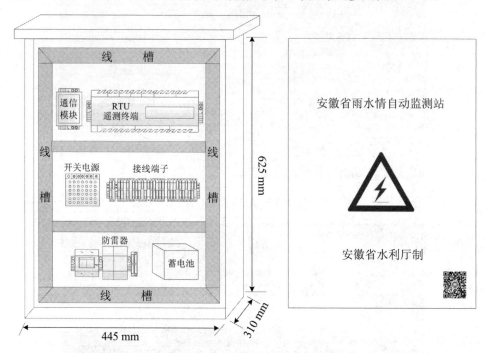

图 4.1.13　自动监测站设备箱内部布局及外观标示示意图

4.1.3　站点设备配置

山洪灾害防治非工程措施雨水情自动监测站建设单站主要设备、设施清单参见表 4.1.1、表 4.1.2、表 4.1.3。

表 4.1.1　自动水位监测站(标准井式)单站主要设备、设施清单

序号	项目名称		单位	数量	备注
1	传感器	浮子式水位计	套	1	
2	监测设备	RTU 遥测终端	台	1	
3		通信模块	套	1	
4	供电设备	太阳能板	套	1	
5		充电控制器	套	1	
6		蓄电池	套	1	
7	防雷措施	防雷接地	项	1	
8		信号避雷器	套	1	
9	测井设施	标准水位井	项	1	
10		仪器房	项	1	
11		交通桥	项	1	
12		防护栏	项	1	
13		水尺桩	项	1	
14		水准点	项	1	
15		现场清淤	项	1	
16	其他	高程引测	项	1	
17		设备箱	套	1	
18		安装辅材	套	1	
19		通信	年	3	10 M 宽带

表 4.1.2　自动水位监测站(依附式)单站主要设备、设施清单

序号	项目名称		单位	数量	备注
1	传感器	浮子式水位计	套	1	
2	监测设备	RTU遥测终端	台	1	
3		通信模块	套	1	
4	供电设备	太阳能板	套	1	
5		充电控制器	套	1	
6		蓄电池	套	1	
7	防雷措施	防雷接地	项	1	
8		信号避雷器	套	1	
9	测井设施	热镀锌钢管/PE管	项	1	
10		仪器保护箱	项	1	
11		水尺桩	项	1	
12		水准点	项	1	
13		测井安装	项	1	
14	其他	高程引测	项	1	
15		设备箱	套	1	
16		安装辅材	套	1	
17		通信	年	3	10 M宽带

表 4.1.3　自动水位监测站(简易岛式)单站主要设备、设施清单

序号	项目名称		单位	数量	备注
1	传感器	浮子式水位计	套	1	
2	监测设备	RTU 遥测终端	台	1	
3		通信模块	套	1	
4	供电设备	太阳能板	套	1	
5		充电控制器	套	1	
6		蓄电池	套	1	
7	防雷措施	防雷接地	项	1	
8		信号避雷器	套	1	
9	测井设施	热镀锌钢管/PE 管	项	1	
10		仪器保护箱	项	1	
11		水尺桩	项	1	
12		水准点	项	1	
13		混凝土安装基座	项	1	
14	其他	高程引测	项	1	
15		设备箱	套	1	
16		安装辅材	套	1	
17		通信	年	3	10 M 宽带

4.2　视频/图像监测站

4.2.1　站点技术要求

4.2.1.1　总体结构

安徽省山洪灾害防治非工程措施视频/图像监测系统主要由前端视频/图像监控站点、传输网络、监控管理平台三个部分组成。视频/图像监测站点以前端摄像机为核心，根据站点类型配置通信设备、供电设备以及防雷接地系统，实现视频/图像的采集和传输。

安徽省山洪灾害防治非工程措施视频/图像监测建设技术路线示意图参见图4.2.1所示。

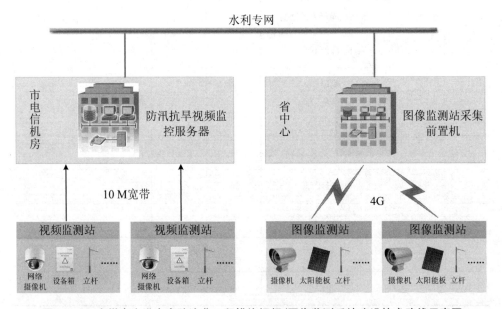

图 4.2.1　安徽省山洪灾害防治非工程措施视频/图像监测系统建设技术路线示意图

1. 前端视频监控站点

由监控立杆、摄像机、防雷设备、供电设备、网络传输设备、设备箱等组成。

2. 传输网络

视频监测站传输网络租用电信运营商 10 M 宽带，视频数据落地于所在市级电信运营商防汛抗旱视频监控服务器；图像监测站采用 4G 传输，图像数据统一落地到安徽省水利信息中心图像采集前置机。

3. 监控管理平台

目前安徽省水利厅已建成视频/图像监控管理平台,包括一个省级中心平台、14 个市级分平台(除淮北、宿州),平台采用集中认证方式,所有市级平台均通过省中心认证服务进行认证授权。

4.2.1.2 前端站点

视频监控站点前端由网络摄像机、避雷器、电源适配器、立杆、设备箱、防雷接地、光纤收发器等组成,详细结构参见图 4.2.2。

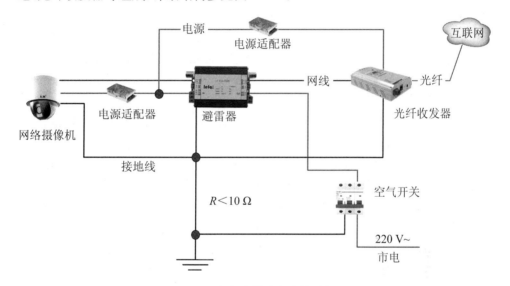

图 4.2.2 视频监控站点结构示意图

前端系统的核心设备是数字网络高清摄像机,在摄像机内部完成了视频图像的摄入和数字化过程,网络高清摄像机经 H.264/ H.265 编码后的视频画质可达到 1 080 P 以上的清晰度。前端摄像机直接输出 H.264/ H.265 数字视频信号,通过具备网线避雷、电源避雷二合一功能的避雷器后,经安装在前端的光纤收发器,传输到所属市级中心视频管理服务器上,由管理服务器统一对用户提供服务;对视频的控制信号通过光纤收发器发送给前端摄像机,实现对摄像机云台、镜头的控制。

4.2.1.3 供电方案

视频监测站点原则上采用市电进行供电。为保证视频图像的安全,前端站点应就近取电,并接入二合一避雷器,防止雷击及静电对前端摄像机造成的干扰和损害。

图像监测站点供电设计的原则是"连续阴雨天工作时间应不少于 10 天"。各个监测站采用"太阳能＋蓄电池直流浮充"供电方式。在日照期间太阳能给蓄电池充电,在夜间或连续阴雨期间使用蓄电池存储的电能。电源模块应有可靠的防雷设计,以有效避免从电源回路引入的雷击信号。监测站电池容量配置应综合考虑各种设备的功耗及其当地气候条件等因素,设计采用64 W太阳能板、65 Ah蓄电池。供电系统的电池电压情况定期通过测控终端报送到中心站,便于管理人员掌握设备运行状态信息。

4.2.1.4　防雷接地方案

在安装安徽省视频/图像监测站点防雷接地设备时,在遵循《建筑物防雷设计规范》(GB 50057—2010)和《电子设备雷击保护导则》(GB 7450—87)等国家有关行业标准的基础上,根据监测站周围环境因素、设备对雷电电磁脉冲的抗扰度以及测站设备的重要性,应综合采取外部防雷和内部防雷等措施,以最大限度降低雷击事故可能造成的人身伤亡和财产损失。

1. 外部防雷方案

外部防雷主要是防直击雷对监测站造成的损坏,主要避雷装置包括避雷针、引下线和接地体三部分。

在监测站顶端架设避雷针,要使监测站所有设备都安装在低于避雷针45°角的保护范围内,引下线采用导电性能好的热镀锌钢管,镀锌管底部焊接50 cm×50 cm的金属网或金属板作为接地体。发生雷电时,避雷针将雷电电流引向自身,然后通过引下线和接地体,将雷击电流导入大地,避免监测设备直接遭到雷击,起到避雷的效果。参照相关防雷规范要求,防雷接地电阻应不大于4 Ω。

2. 内部防雷方案

内部防雷主要是防感应雷和落地雷对监测站造成的损坏,主要避雷措施如下:

① 所有传输线缆、电子设备均由PVC绝缘层实现与直击雷防护系统之间的隔离,既可以防护落地雷的电位反击对电子设备的损害,又可以防护直击雷释电不及时造成的感应电压对电子设备的损害;

② 由于感应雷对遥测设备的入侵途径主要是电源线和信号线,因此在现场实施时,要对设备安装位置和安装方式进行改进,尽量缩短连接线的长度;

③ 信号线缆与网络设备连接端应安装信号避雷器,避免由信号线缆引入雷电的侵害。

4.2.1.5　视频监控站点接入方式

每个视频监视站传输线路采用运营商10 M宽带,光纤从各视频监视站点接入到相应市分中心视频监视平台服务器。视频监控控制响应时间不得高于5 s,正常时延不高于10 ms,丢包率不高于万分之一,单路视频图像的分辨率应不低于1 280×720(720 P),帧率不低于20帧/s,云台远程实时遥控时,时延不得大于5 s。

新建视频站点必须按照 GB/T 28181—2011 标准接入,地方自筹资金自建的站点也可通过 SDK 方式接入。

1. 国标接入

在网络摄像机上需要启用国标,配置的参数包括:SIP 服务器 ID(全省水利视频监控平台的国标编码)、SIP 服务域(SIP 服务器 ID 的前 8 位)、SIP 服务器地址(全省水利视频平台的服务器 IP)、SIP 服务器端口、SIP 用户名(设备自身编码 ID)、SIP 用户认证 ID(设备自身编码 ID)、设备自身编码 ID(视频通道编码 ID)、本地 SIP 端口、密码(设备自身编码 ID 的后 10 位)、注册有效期(默认 3 600 s)、心跳周期(15 s)。

2. SDK 接入

① 如果是直连设备的方式,则需要厂家的设备 SDK 以及各设备的登录 IP、端口、端口类型(TCP/UDP)、用户名、密码;

② 如果是通过视频管理平台接入的方式,则需要厂家的视频管理平台 SDK 以及下级平台服务的 IP、端口、端口类型(TCP/UDP)、用户名、密码。

4.2.1.6　运行状态确认

现场站点完成调试后,需登录省水利视频监控平台对站点上线运行情况进行核实,确认设备运行正常后,完善站点信息,最终完成站点上线。省水利视频监控平台访问地址为 http://61.190.26.68:9005/operate/login.action。

4.2.2　站点安装要求

视频/图像监测站的建设主要以立杆式安装为主,即在岸边建设钢筋砼基础,然后建设立杆主杆,在主杆上部相应位置安装悬臂,摄像机安装在悬臂伸向的一端。站点建设示意图参见图 4.2.3。

4.2.2.1　监控立杆

监控立杆材质采用热镀锌钢管,主立杆高度不低于 6 m,直径不小于 150 mm,管壁厚度不小于 6 mm;横臂长度不小于 0.8 m,直径不小于 100 mm,管壁厚度不小于 6 mm。摄像机安装在横臂上,并选择合适位置安装避雷针使得摄像机和设备箱均在避雷针的保护角范围之内,从而对摄像机和设备箱内设备进行直击雷保护。监控立杆整体设计参见图 4.2.4。

4.2.2.2　安装基础

保证监控立杆安装的稳定性、安全性。立杆基础预埋件采用不低于 1 000 mm×1 000 mm×1 000 mm 的钢筋砼,具体尺寸以根据地基土质、立杆高度、质量等实际情况适当调整,以保证安全可靠为准。预埋件的纵筋为 Ø20 的圆钢,数量为 4根,圆钢之间采用横筋为 Ø6 的圆钢水平固定。垂直圆钢顶端预留长度不小于40 mm的"扳丝"用于安装立杆,预埋件的浇注采用商品砼 C25,浇砼前使用防腐材料包裹所有丝口,安装螺丝和垫片均采用 304 不锈钢材质。安装基础过程示意图如图 4.2.5 所示。

4.2.2.3　设备箱

视频监控站点设备箱内部采用分层设计,第一层专用于安装接地铜排、空气开关、接线端子等,第二层用于放置避雷器、电源适配器、网络设备。设备箱两边开设专用线槽,分别用于安装强电和弱电线路。箱体应采用激光喷涂项目名称、管理单位等图文标识。设备箱结构示意图参见图 4.2.6。

图 4.2.3　视频监测站建设示意图

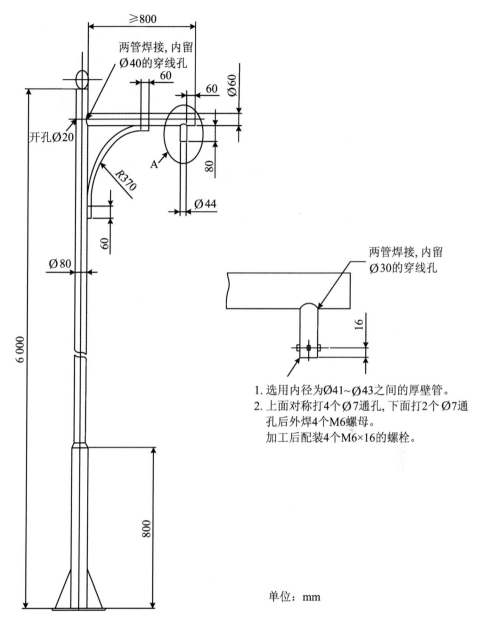

1. 选用内径为Ø41~Ø43之间的厚壁管。
2. 上面对称打4个Ø7通孔，下面打2个Ø7通孔后外焊4个M6螺母。
   加工后配装4个M6×16的螺栓。

单位：mm

图 4.2.4　立杆结构示意图

图 4.2.5　安装基础过程示意图

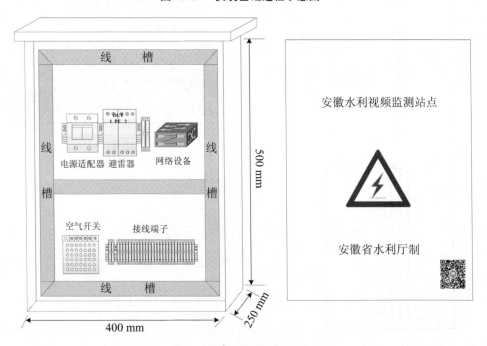

图 4.2.6　视频监控站点设备箱结构示意图

　　设备箱走线孔加装塑胶护套,防止穿线时损伤线路外皮。强电线路和弱电线路通过不同的穿线孔从杆体内穿入设备箱内,设备箱内强电、弱电分别通过隔板两端的专用穿线孔进行穿线,线端的标识依据统一编码规则做好永久标签。所用网线规格为 CAT5E 国标线,此线用于摄像机—避雷器—网络设备之间的视频接口连接。考虑到设备安全和维修方便,同时防止人为破坏,设备箱应安装于监控立杆距地面 3.5 m 处。

4.2.2.4　布点位置要求

视频监测站建设位置选择应考虑能看到监控的工程全貌,同时要兼顾多个对象(可通过增加摄像头数量实现),如建设在水库应兼顾溢洪道和大坝,建设在闸门、泵站等应兼顾站前(后)和附近堤防。由于视频监测站摄像头布设数量有限,布点位置请参考《水利工程视频图像站建设技术规范》(DB34_T 2923—2017),最终点位选择以满足基层防汛实际需求为准则(表 4.2.1)。

表 4.2.1　视频监测站布点位置参考

序号	水利工程名称	应有效观察内容
1	水库	大坝、溢(泄)洪道、泄洪闸、泄洪洞、水位尺等
2	闸站	闸门、上(下)游水域及堤防、水尺等
3	泵站	拦污栅、水位尺、进水闸、进水池、主厂房、副厂房、出口防洪闸和出水池以及输变电设施等
4	堤防	堤顶、路面及附近水域等
5	湖泊	水面、水位自记井(或其他水利建筑)、水位尺等
6	渠道	渠道建筑物、水面、渠堤、水位自记井、水位尺等
7	蓄滞洪区	分洪闸、行洪口门等
8	重要测流断面	水域、水位尺等
9	长江干流	水面、水位自记井(或其他水利建筑)、水位尺等
10	淮河干流	水面、水位自记井(或其他水利建筑)、水位尺等

4.2.3　站点设备配置

安徽省山洪灾害防治非工程措施建设项目视频监测站建设建议采用以租代建的方式开展,单站主要设备、设施清单参见表 4.2.2。

表 4.2.2 视频监测站单站主要设备、设施清单

序号	建设任务	单位	数量	备注
1	一体化高清网络球机	台	1	
2	防雷接地	项	1	
3	信号避雷器	项	1	
4	水尺	项	1	
5	高程引测	项	1	
6	监控立杆	项	1	
7	立杆基座	项	1	
8	设备箱	项	1	
9	安装辅材	项	1	
10	通信	年	3	10 M 宽带

第5章 监测预警平台

安徽省基层防汛监测预警平台以计算机网络专线为通道,开发平台软件、配置必要的硬件设施、整编相关基础数据,实现对辖域内雨水情、水利工程基础数据的实时查询和历史检索功能,并实时监视雨情、水情,对可能致灾的汛情进行预警。建立县级到乡镇的计算机网络、视频会商系统,完善县乡防汛应急会商环境,实现省、市、县到乡镇监测预警信息互联互通,为上下游、左右岸、干支流防汛协作提供技术基础。主要建设内容包括监测预警平台软件、基础数据整编、县级计算机网络、县级防汛视频会商系统、乡镇防汛能力提升建设,建设内容参见图5.0.1。

5.1 平台软件

2016年,在国家防汛抗旱指挥部办公室统一部署下,安徽省作为全国三个试点省份之一开展了山洪灾害省级同步共享系统试点建设,组织开发了安徽省山洪灾害监测预警信息管理多级通用软件。2018年,通过农村基层防汛预报预警项目,在山洪预警多级通用软件的基础上,开发了安徽省基层防汛监测预警平台,实现在统一平台上的省、市、县、乡镇四级应用的防汛预警系统。

5.1.1 技术路线

安徽省基层防汛监测预警平台是基于原安徽省山洪预警系统搭建的,在原业务应用软件的基础上,开展基层防汛基础数据整编,实现对雨水情、防汛工程基础数据的实时查询和检索功能。通过数据共享机制,实现水文、气象等数据信息的直接全面共享;对短信网关、统一通信录、防洪工程数据库进行升级完善,融合已建系统,新增防汛信息展播、防汛巡查信息管理、信息发布、数据管理、手机APP等系统功能模块,实现基层防汛的全面服务;对视频监控服务平台及省级数据中心进行扩容和必要的应急设备升级,建立安全、可靠的基层防汛预报预警支持平台。这一系统通过新技术、新产品的应用以最简单、最全面、最清晰的方式给基层防汛工作者和决策者提供查询和显示,以便其随时掌握防汛信息,主要建设技术路线示意图参见图5.1.1。

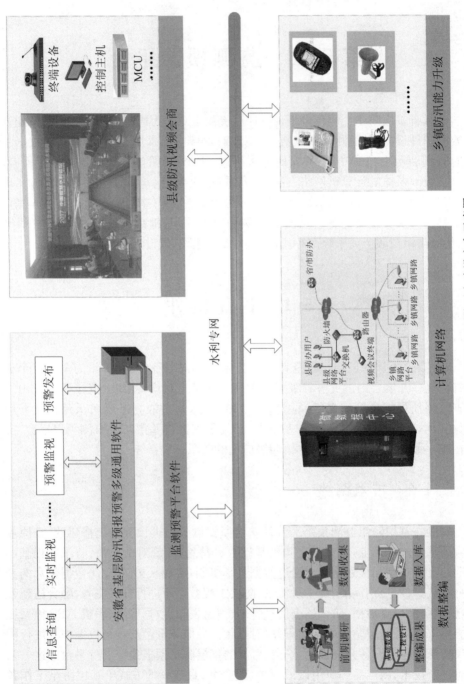

图5.0.1　安徽省基层防汛监测预警平台建设内容示意图

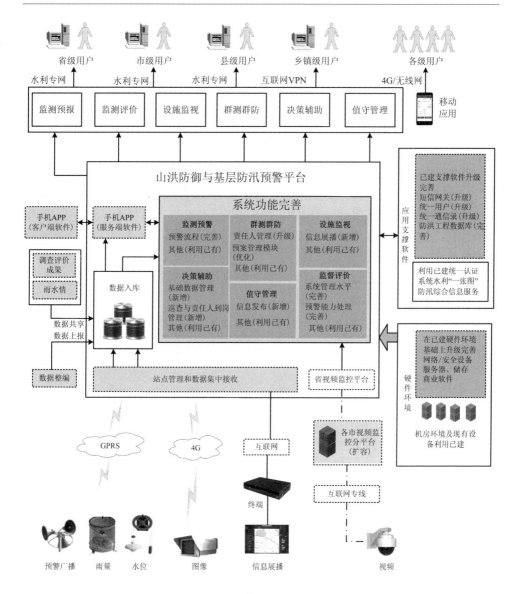

图5.1.1　监测预警平台建设技术路线图

5.1.2　功能划分

安徽省基层防汛监测预警平台用户分为省级用户、市级用户、县级用户、乡镇级用户共四级,针对不同层级的用户开发与其业务需求相匹配的管理功能,实现与其实际业务需求相匹配的信息。

省级业务功能侧重于宏观信息的把控和预警关键信息的直观查询。可以实现对全省范围内监测预警信息的查询与监视,包括预警信息、雨情、水情、气象、台风、视频图像、防汛信息展播、无线预警广播、水利工程、概况等。

市级业务应用主要偏重于对县级单位督导管理,掌控全市山洪灾害防御能力,这主要体现在两方面:一是对县级平台预警信息的处置进行监督、督办、汇总,监督主要是对县级关闭预警、发布外部预警进行审核;督办主要是针对产生内部预警后一直没有处理的情况,市级可以发短信督促县级尽快研判处置。二是对县级平台上报的责任人信息、防汛预案进行审核。

县级业务应用的核心功能是对实时监测的雨水情信息、预警信息等通过"一张图"进行直观展示及预警研判处置,通过短信保证及时准确地发送预警信息,预警分为内部预警和外部预警:内部预警一般自动向县级防办人员发布,可根据实际情况增加县级防汛指挥部领导;外部预警向县、乡、村、村组等各级防汛责任人和社会公众发布。

乡镇级用户主要通过手机 APP 和防汛信息展播实现对本级业务的使用。

各级用户详细功能划分参见表 5.1.1。

表 5.1.1 省、市、县业务功能划分清单

序号	一级导航	二级导航	省级业务功能	市级业务功能	县级业务功能
一	平台首页		√	√	√
二	实时监测				
1		雨情	√	√	√
2		水情	√	√	√
3		视频图像	√	√	√
4		气象	√	√	√
三	预警处理				
1		预警	√	√	√
2		无线广播			√
3		信息展播			√
4		信息发布	√		√
5		人工预警	√		√
四	运行管理				
1		预案管理	√	√	√
2		责任人管理	√	√	√

续表

序号	一级导航	二级导航	省级业务功能	市级业务功能	县级业务功能
3		巡查管理	√	√	√
4		签到管理	√	√	√
5		设施监视	√	√	√
五	基础信息				
1		概况	√		
2		站点信息		√	√
3		调查评价	√	√	√
4		水利工程	√	√	√
5		山洪沟	√	√	√
六	辅助决策				
1		预警处置能力	√	√	√
2		系统管理水平	√	√	
3		预警效益统计	√	√	√
七	手机 APP		√	√	√

5.1.3　功能介绍

5.1.3.1　平台首页

用户登录系统后即进入引导首页(图 5.1.2),此处可直观展示辖内整体情况的统计信息,包括重点监测预警及关键站点信息、气象雷达及台风路径、信息发布、设备监视情况统计等。省级用户还可以看到全省气象情况、预警发生情况、重点关注区域、人员工作执行情况、全省总体监督评价汇总的信息等。

5.1.3.2　实时监测

实现对管理范围内实时监测信息的查询与监视,包括雨情、水情、视频图像、气象、台风、预报等功能。

实时监测模块功能结构图参见图 5.1.3。

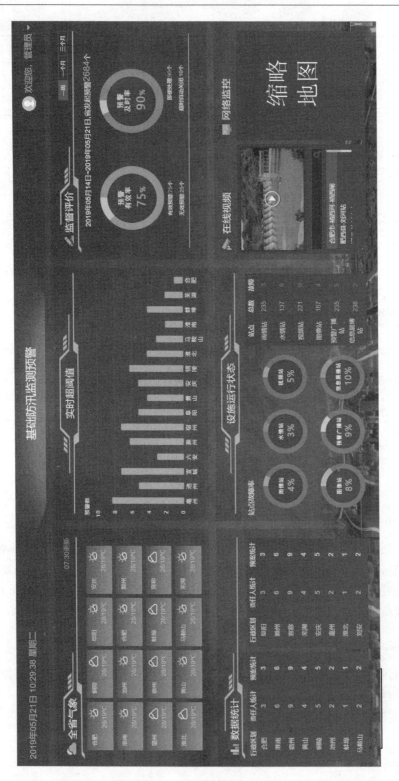

图5.1.2 平台首页

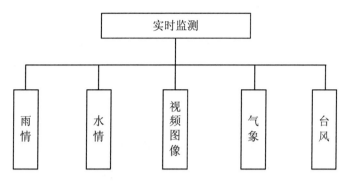

图 5.1.3　实时监测模块功能结构图

1. 雨情

平台软件可以根据时间范围和雨量级别查询雨情信息,将雨量相关信息叠加在底图上,以更直观的界面展现给用户,同时生成面雨量报(图 5.1.4)。还可以提供根据时间范围生成等值面、热图动画供前端播放,使得降雨过程以更生动和更丰富的形式表现出来。对指定时间范围和距平级别生成降雨距平信息,以等值面的形式叠加显示在底图上,可较为直观地表现区域内的降水情况。对自定义指定的目标区域进行面雨量匡算,可以更加灵活地对兴趣区域进行面雨量查询。为了提高历史降雨成果数据的查询效率需要预先通过值守程序将降雨和距平数据根据时间区间进行计算并保存至降雨成果数据表中以供前端直接提取,具体雨量包括 7 天的各个日雨量数据以及全年各月、今年以来、本月以来和入汛以来的数据;距平包括今年距平、本月距平和入汛距平。

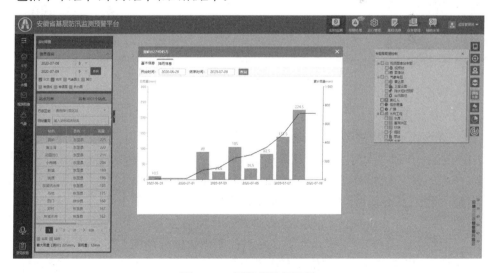

图 5.1.4　雨情模块示意图

2. 水情

水情模块用于在地图上查询全省所有的水情站点,包括河道,水库和闸坝,并可以根据各种设置条件对各站点水情进行统计分析(图 5.1.5)。默认将水情站点叠加显示在底图上,根据指定时间范围对站点的告警类型进行查询,具体告警类型包括洪水告警、枯水告警、水位变幅、同期比较、来水量距平等。水情模块提供对同一种告警类型中不同程度的告警图层的控制,可将超警图层分层展示。快捷时间范围包括最新、最近一天、最近三天和最近一周,默认显示最近 24 小时,同时提供自定义时间范围查询功能。根据不同告警类型对不同程度的告警数据进行分层处理,并提供图层切换功能。如洪水告警包括超过历史最高、超过保证水位、超过警戒水位和 24 小时无信息告警图层;枯水告警包括高于旱警水位、低于旱警水位、低于历史最低水位以及出现断流告警图层;水位变幅分层包括 $H>1$ m、0.5 m$<H\leqslant$ 1 m、0 m$<H\leqslant0.5$ m、无变幅、-0.5 m$<H\leqslant0$ m、-1 m$<H\leqslant-0.5$ m、$H\leqslant-1$ m;来水量距平包括偏多、偏少。

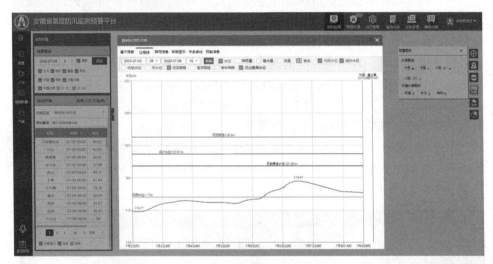

图 5.1.5 水情模块示意图

3. 视频图像

视频监控模块已实现集成,纳入省水利视频监控平台的监控站点的基于 GIS 地图的定位查询,实现对视频信息的在线实时点播功能,并支持通过云台控制摄像头(图5.1.6)。视频流信号基于前端页面采用 Video-JS 来操作 Flash 进行的 RTMP 流播放,并使用 WebSocket 向后端发送云台镜头控制指令,实现与省水利视频监控管理平台的通信,完成视频点播和远程控制功能。

图像监测模块实现全省水利图像站点的基础数据管理和地图定位查询功能,支持基于 GIS 系统的在线定位查询功能,支持查看 24 小时内图像站上传的图像信息,支持连续播放、选择播放等方式,图像站进入播放状态时,每张图片定时切换,支持暂停和继续播放等功能。

视频、图像模块支持多种方式进行混合查询,包括站点名称、站点编码、站点全拼、站点简拼、行政区划树形选择等查询方式,并支持 GIS 定位和在线实时查看。

图 5.1.6　视频图像模块示意图

4. 气象

该模块用于显示各种气象信息,包括卫星云图、雷达、降雨预报、天气图等。信息通过中央气象台官方网站实时抓取,在平台以图片方式展示,各种信息可以不间断连续提供,并可以进行动画播放。

5. 台风

台风目录下集成台风路径模块,实现在电子地图上实时显示历史和最新台风实时路径信息、国内外多家预报台的预报信息,并标注相应台风十级风圈半径、七级风圈半径等,实现基于时间轴的台风实时路径、预报路径的展示,直观展示台风行进时间、24 h 警戒线和 48 h 警戒线,方便领导及三防工作人员查看,并帮助有关人员根据各大预报台预报的台风强度、将要到达的时间以及城市测距、影响渔场、影响城市等功能的应用,对可能造成影响的区域做出提前预判、提前部署和提前防范。

5.1.3.3　预警处理

当平台监测到实时监测信息超过设定阈值时,预警处理模块启动相应预警措施,包括预警、无线广播、信息展播、信息发布、人工预警等功能。

预警处理模块功能结构图参见图 5.1.7。

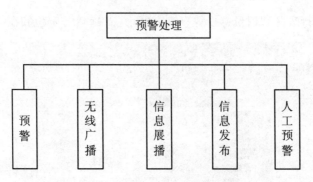

图 5.1.7　预警处理模块功能结构图

1. 预警

当系统监测到雨量或者水位站点超过预警阈值后便自动生成预警,预警发生时自动调用短信动能向县(区)值班和相关责任人员发起短信通知,同时系统在地图上自动显示预警信息、产生声音提醒,并发起预警流程提供内部研判(图5.1.8)。用户可以通过平台软件根据实际情况采取关闭预警、加强关注、启动响应等处置措施。对于需要了解现场实况信息的情况下,县(区)可向相关责任人发起巡查任务,巡查任务通知可通过手机 APP 消息提示通知到相关责任人,并短信通知到责任人手机,责任人可根据任务拍照和录制视频上传至平台,作为预警研判的依据。启动应急响应时,可以通过平台软件发布外部预警,平台软件通过手机短信向县、乡镇、村、网格责任人发布准备转移或立即转移命令,也可以通过无线预警广播、防汛信息展播、微信等向群众发布准备转移或立即转移要求。

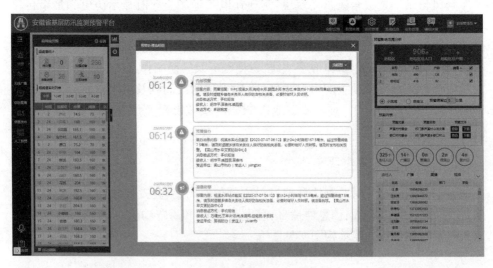

图 5.1.8　预警模块示意图

2. 无线预警广播

基于 GIS 系统实现对全省无线预警广播站点的在线查看,支持通过平台人工

对无线预警广播发送预警通知,支持对历史通知信息的列表查询,包括发送通知的
时间、通知内容等(图 5.1.9)。

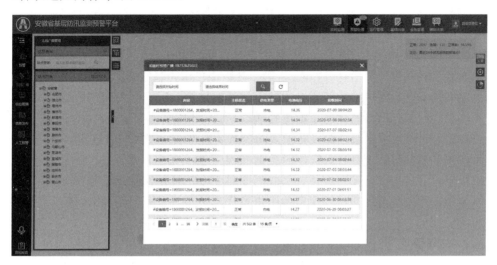

图 5.1.9　无线预警广播模块示意图

3. 防汛信息展播

防汛信息展播是农村基层防汛监测预警平台延伸到乡镇的重要手段。可通过
在监测预警平台定制实时预警、雨水情、视频/图像、水利宣传等频道,并将定制的
频道以"电视频道"的方式推送至各基层单位的显示设备,乡镇水利管理人员可用
遥控器以类似切换电视频道的方式,简单直观地获取辖内防汛业务管理相关信息
(图 5.1.10)。

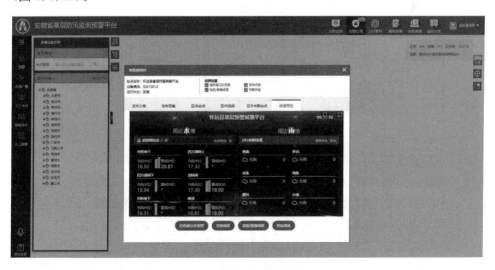

图 5.1.10　防汛信息展播模块示意图

　　防汛信息展播功能模块分为省级用户、市级用户、县级用户、乡镇级用户。省级用户通过基层防汛监测预警平台,可自由选择各县已部署的展播站点。省级用户在需要时可通过平台信息发布模块向信息展播终端发布预警信息、通知公告等。市级用户通过农村基层防汛监测预警平台,可自主选择市辖区内各县已部署的展播站点,查看各站点展示内容。市级用户在需要时可通过平台信息发布模块向信息展播终端发布预警信息、通知公告等。县级用户作为基层展播系统的管理角色,不仅可自由查看辖区内已部署展播站点的展示内容,还具有展播设备的显示内容和界面定制、站点管理、频道切换等功能,以实现对基层预警站点的管理。县级用户在需要时可通过平台信息发布模块向信息展播终端发布预警信息、通知公告等。考虑到乡镇日常管理、培训、宣传的需要,也为了提升信息展播设备的利用效率,乡镇级用户可通过平台发布宣传、通知等,同时为乡镇提供短信通信渠道,有权限的乡镇级工作人员可以通过已注册的手机发送本单位日常通知信息,实现对显示内容的管理。

4. 其他

预警处理模块还包括信息发布和人工预警功能。

5.1.3.4　运行管理

　　安徽省基层防汛监测预警平台运行管理模块主要完成基层防汛工作人员日常防汛管理工作中涉及的预案、责任人、巡查、设施监视等工作(图5.1.11)。

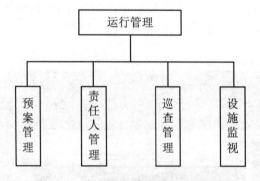

图 5.1.11　运行管理模块功能结构图

1. 预案管理

　　预案信息主要包括基本情况、防汛工作组与职责、防汛责任区网格、可能影响对象与预警时机、危险区人员转移与安置方案、防汛指挥相关图纸以及相应的附件、附表等内容(图5.1.12)。

　　通过无纸化办公的管理方式,以提升工作效率。可在系统中将各类信息以输入框或文档导入等形式录入,录入后系统将根据事先定义的预案模板自动生成预案文档。

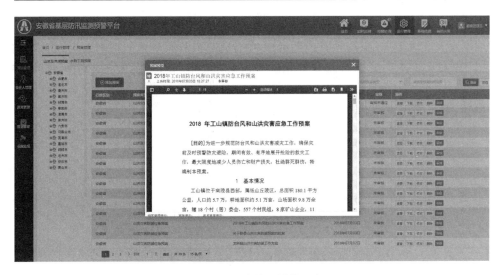

图 5.1.12　预案管理模块示意图

2. 责任人管理

系统基于地图平台提供对责任人位置信息的查询,可按行政区划、责任人类别对人员信息列表查询,在列表中显示责任人所属单位、姓名、职务所属地区、联系电话、定位电话,并基于最近一次责任人发回的位置信息,在地图中显示联系人所在位置(图 5.1.13)。通过选择对应的责任人,可快速定位到该责任人位置(图 5.1.13),并突出进行显示。系统还可针对责任人多次上传的位置信息提供责任人工作轨迹查询。

图 5.1.13　责任人管理模块示意图

3. 巡查管理

基于安徽省水利一张图,根据系统获取巡查员定位信息与上报信息,在上报对应位置显示巡查的文本、语音、图像、视频等信息(图 5.1.14)。县级管理人员可在地图查看巡查地点,直接查看文本信息、语音信息及现场图片、视频等。省级、市级用户可通过水利一张图首先查看各县(区)巡查上报的统计数据,也可进一步选择各县(区)对详细信息进行查询。此外,在地图显示界面可实现对各巡查信息进行删除、关注、转发等处理。

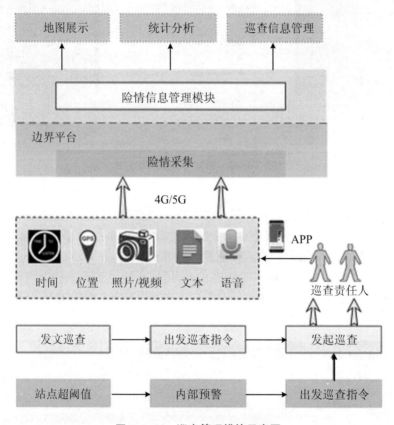

图 5.1.14　巡查管理模块示意图

4. 设施监视

平台可以对相关站点的运行状态进行实时监视,并可以按承建单位、站点类型、行政区划等进行统计分析(图 5.1.15)。

5.1.3.5　基础信息

安徽省基层防汛监测预警平台基础信息模块主要为基层防汛工作人员日常防汛管理工作提供水利工程、调查评价、站点信息等基础数据的查询功能(图 5.1.16)。

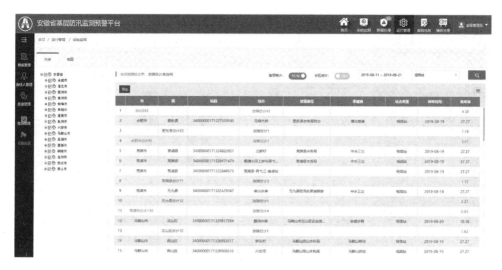

图 5.1.15　设施监视模块示意图

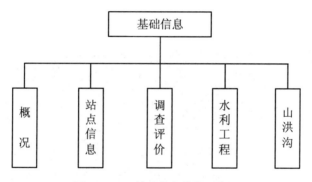

图 5.1.16　基础信息模块示意图

1. 概况与站点信息

可以根据省、市、县不同用户的权限按照层级直观展示辖内低洼易涝区、外洪威胁区域内行政村、自然村、国土面积、人口、调查点等的统计信息(图 5.1.17)。

2. 调查评价

平台实现了对安徽省 11 个地市所辖县(区)的威胁人口统计、洪水年份统计、分级河流统计、县(区)明细统计、调查要素统计等,并给出山洪灾害相关分析评价成果、等级评估以及评价对象分级人口统计等(图 5.1.18)。

3. 水利工程

查询主要包括河流、水库、控制站、堤防、蓄滞行洪区、湖泊、圩垸、水闸、跨河工程、治河工程、险点险段、机电排灌站、墒情监测站、灌区等专题,实现各项专题的查询管理功能。包括按条件搜索、名录添加、名录修改、名录删除、详细信息查询、详细数据编辑、专项数据添加、数据导出等功能(图 5.1.19)。

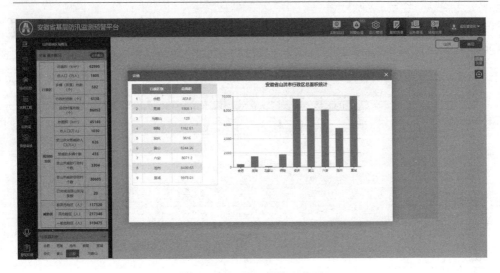

图 5.1.17　概况模块示意图

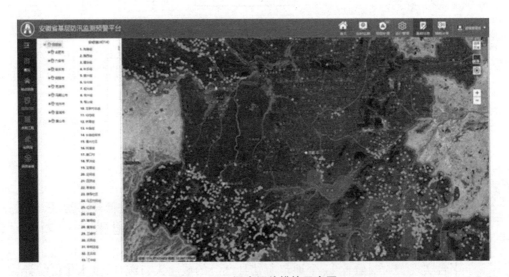

图 5.1.18　调查评价模块示意图

4. 山洪沟

查询主要山洪沟的有关信息。

图 5.1.19　水利工程模块示意图

5.1.3.6　辅助决策

辅助决策模块主要用于对辖区内预警处置过程、系统管理水平、预警效益情况进行汇总统计、监督、打分,为通报、考核等管理手段提供数据依据。包括预警效益统计、预警处置效率、系统管理水平三个功能。辅助决策模块功能结构图参见图5.1.20。

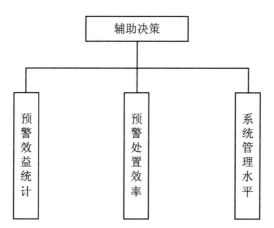

图 5.1.20　辅助决策模块功能结构图

1. 预警效益统计

主要统计并展示转移安置群众、派遣工作组人数、发布有效预警数据、发布预警通知短信等,评估系统发挥的效益(图5.1.21)。

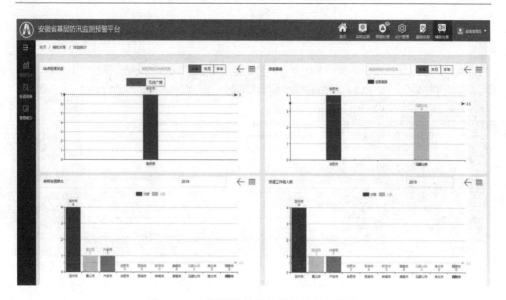

图 5.1.21　预警效益统计模块功能结构图

2. 预警处置效率

对预警处置及时率、预警准确率、预警效果、系统使用频率等进行统计分析,评估各级用户使用系统处置预警的能力;支持对各统计结果的钻取查询,对市、县、乡镇的分区域查询,支持以列表等形式逐步查询数据(图 5.1.22)。

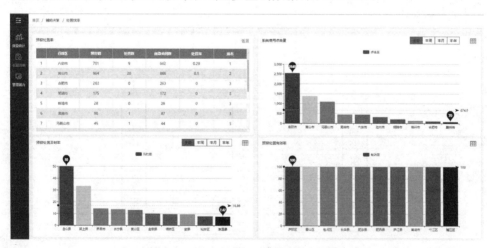

图 5.1.22　预警处置效率模块功能结构图

3. 系统管理水平

对相关信息完整性、设备在线率、设备管理规范性等进行统计分析，评估管理水平(图 5.1.23)。支持对各统计结果的钻取查询，实现对市、县、乡镇的分区域查询，支持以列表等形式逐步钻取查询数据。

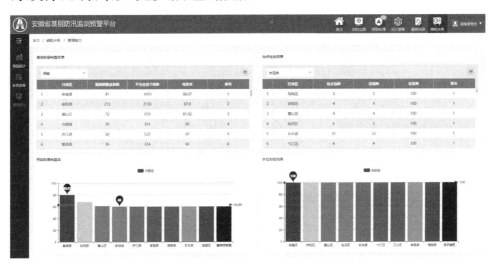

图 5.1.23　系统管理水平模块功能结构图

5.1.3.7　手机 APP

基于水利工程实现全局搜索功能，实现水利工程信息的资料查询功能；在导航功能中实现预警查询、巡查管理、责任人报岗、二维码扫描功能，实现常用功能的快捷使用；在业务定制功能区域中主要是实现气象信息查询、雨水情信息查询、设备运维管理、文件交换、公文办公等业务的快捷功能；在消息提醒区域发布预警信息、最新通知公告、工程数据变更确认等信息，方便用户及时查询各类管理类消息；在地图监控区域主要是基于水利概化图实现雨水情站点、气象信息、工程信息在线定位、查询功能(图 5.1.24)。

图 5.1.24   手机 APP 界面效果图

5.2 数 据 整 编

  山洪灾害防治基础数据整编是开展山洪灾害防治的重要基础性工作,需要协同基层各业务部门、各乡镇水利管理部门及相关工程设计单位,辅以现场核查,对防汛业务管理相关基础信息、历史数据、工程设计数据等进行收集、整理加工、审核入库,形成可供业务系统调用的数据库,以为基层防汛业务应用查询、会商和决策提供基础数据支持。

5.2.1 数据整编技术路线

山洪灾害防治数据整编工作的开展应严格按照数据收集、市级数据审核、数据上报、数据规范审核、数据库建设、数据入库及地图标绘等几个步骤开展。数据整编技术路线流程如图 5.2.1 所示。

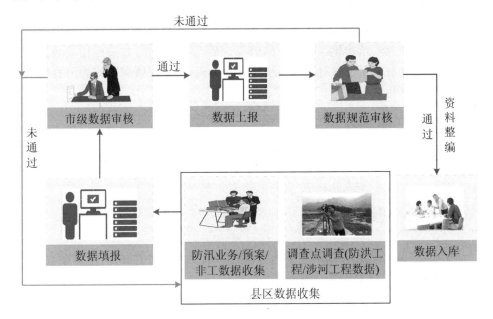

图 5.2.1 数据整编技术路线流程图

5.2.1.1 数据收集

根据山洪灾害防治业务管理、调查评价的需求,结合调查点调查,开展对防汛业务管理数据、防汛预案数据、非工程措施数据及调查区防洪工程数据的收集。确定数据整编对象种类和名录,按照相应数据库表对各类对象进行属性数据收集、调查及汇总。防汛业务管理数据、防汛预案数据、非工程措施数据三类由县/区水利局按照调查表要求进行收集;调查区域的防洪工程数据结合调查点调查,由调查单位按照调查表进行调研、勘查与收集。数据收集后,由县水务局汇总并由所在市水利局进行数据审核,确认通过后进行上报。

5.2.1.2 市级数据审核

县级上报的数据确认后报由市级水利部门进行初步审核,市级审核人员基于数据整编名录进行数据缺失项、数据内容完整度及数据准确性对初步审核,审核不通过的需要县级重新核定和上报,直至数据审核通过。数据审核通过后由市级水利部门上报省防办。

5.2.1.3　数据规范审核

资料整编后需组织人员对收集整编的数据进行复查,包括上报数据的规范性及完整性等,如有不符合规范的数据应要求县级防办修改,直至符合规范。

5.2.1.4　资料整编

数据整编单位根据各县(区)上报的数据资料,按照数据类别、整编单位对所有上报资料开展归类、结构化、数字化、归档等一系列整编工作,并按照相关的技术标准、规范的要求对名录所有对象进行统一分类编码,将上报资料整编为可直接入库的标准化、规范化数据。

5.2.1.5　数据入库

根据统一标准与要求,将经过整编的据通过批量导入、地图标绘等形式分类入库。

5.2.2　整编内容

山洪灾害防治数据整编的主要内容包括防汛业务管理数据、防汛预案数据、非工程措施数据及调查区防洪工程数据。

5.2.2.1　防汛业务管理数据

防汛业务管理数据主要针对防汛相关的县乡防汛工作人员、工程运用调度方案、抢险队、物资仓库、调查点非工程类基础信息,县(区)水利局确定收集名录,然后按照调查表的格式进行填写、汇总、上报,整编人员对数据进行审核、归类、编码、整编及入库。

1. 数据现状

目前工程管理和防汛业务数据主要集中在国家抗旱二期项目工情采集项目中。全省通讯录管理系统中主要收集了防汛相关管理单位、机构人员资料,目前缺少乡镇的机构和县(区)的防汛工作人员资料名录。全省防汛抗旱业务管理系统中主要包含工程运用调度方案、抢险队、物资仓库、调查点等资料,需要针对各县(区)进行收集整编。

2. 整编对象

本次整编对象为各县的县乡防汛工作人员、工程运用调度方案、抢险队、物资仓库及调查点非工程类基础信息。

3. 整编任务与内容

（1）数据审核

对上报数据的规范性进行审核。

（2）数据整编

将审核后的数据进行分类、规范、编码。

（3）数据入库

完成整编数据的入库，为数据查询及应用提供基础支撑。

（4）县乡防汛工作人员整编

整编各类责任人相关资料，主要包括防汛行政责任人，工程责任人，管理单位负责人，巡查责任人，县、乡、镇、村基层防御责任人，鸣锣和手摇报警器责任人，抢险队伍责任人，受威胁重点人群的转移责任人；主要收集责任所在地区、姓名、移动电话、固定电话、职位、所在单位、责任内容、地址等信息。

（5）工程运用调度方案整编

收集各类工程的运用调度相关资料，主要包括水库、水闸、泵站等工程的调度相关方式，圩垸的应急预案等。

水库调查的调度内容包括调度标准、控泄条件、下泄流量、保护对象、调度权限单位，对三条防汛警戒线下的调度原则进行收集整编。

水闸调查的调度内容包括水闸保护流域区域、每个控制闸门的水域范围、闸门开启泄洪原则、三条防汛警戒线下闸门调度原则等内容。

泵站调查的调度内容包括泵站各排涝机组启排水位、调度权限、抽排启用水位标准和原则等。

圩垸调查的应急预案内容包括圩垸内关联的泵站、涵洞等建设标准、圩垸人员撤离路线、撤离人员等资料。

（6）抢险队整编

收集各县（区）内抢险队的相关资料，数据整编内容主要包括队伍名称、队伍所在地、队伍专业、编制人数、现有人数等。

（7）物资仓库整编

整理物资仓库名录数据和仓库库存情况数据，核对各县物资仓库名录，收集整编物资仓库名称、所属单位、所在地市、负责人、联系电话、地址、库房面积等基础属性信息。统计每个仓库的库存情况（基于调查时库存现状），包括：编织袋、草袋、麻袋、土工布、编织布、黄沙、瓜子片、碎石、块石、钢筋笼、合金网兜、铅丝、桩木、砼预制块、砼四面体、救生衣、救生圈、橡皮船、冲锋舟、应急灯、篷布、帐篷、铁锹、铁镐、雨衣、水泥、柴油、杉木、钢管、防汛绳、电缆、打桩机、发电机、铁锤、铁钉、潜水泵、防浪布、雨布、橡胶管、混流泵、移动泵、砂石料、粗砂、铁丝等。

（8）调查点非工程类基础信息整编

包括调查区域基础信息、历史洪水、洪痕、居民户基础信息、调查区域受灾转移路线测量成果、受灾人口安置点基础信息、水位预警源基础信息、调查点流域特征信息、内涝影响汇水域、水文(水位)站以上流域特征信息等调查点调查与防汛业务相关的数据,其他调查涉及的工程数据纳入防洪工程及涉河工程整编部分进行完善。

5.2.2.2　防汛预案数据

防汛预案数据整编任务主要包括各县的行政村村级(街道)预案、乡镇级预案及县级预案。县级、乡镇级及村级预案可通过软件系统或纸质文档方式进行上报,最终录入数据库。

1. 数据现状

目前各县(区)基本已准备好防汛预案,但多以纸质文档存放,无标准化结构的电子化预案,乡镇级、村级预案需通过基层防汛体系建设进行编制,编制后可形成纸质文档及电子文档。

2. 整编对象

对象为各县(区)的村级预案、乡镇级预案、县级预案,其中电子预案以山洪灾害防御、防洪保护区、蓄滞洪区、洪泛区范围内的乡镇及村为重点建设对象,非上述区域根据上报的预案编制数量,按照适当比例进行建设。

3. 整编任务与内容

(1) 数据审查

对县(区)上报的预案进行完整性和规范性审查,不规范的预案退回修改,直至符合要求。

(2) 预案电子档整编入库

对于县(区)上报的县级预案、乡镇级预案、村级预案进行收集、审核、编码,完成预案电子档的入库。具体预案数量根据县(区)实际上报数量而定。

(3) 村级预案结构要求

对村级预案进行审核,需具备结构化的要求,具体包括如下内容。

① 基本情况:整编村级预案中的河流、堤防、控制站、水库关系,整编图像监测站、预警广播、学校预警设施资料信息。

② 责任体系:格长(共产党员、居民组长等)负责整理包户的网格资料。整理的网格内容包括:网格名称、联系方式、格长信息等属性资料。

③ 预警指标与方式:

预警指标:通过与调查评价成果对接,实现村级预警指标设定。

预警方式:整理预警级别所对应的预警手段。

④ 转移安置:通过对转移路线与省水利"一张图"的校准实现转移路线的上图发布。

⑤ 抢险物资:整理村级防汛物资的编织袋、铁锹、电筒、铁丝数量以及放置的

位置,可以联系的挖掘机、铲车等工程机械设施的数量及联系方式。

⑥ 生活保障措施:整理生活保障措施内容。

⑦ 网格住户资料:整理各网格内住户资料,包括户主姓名、人口、所在网格、其中老弱病残人口数量、联系电话、应用的转移路线、安置点、转移责任人姓名、转移责任人职务、转移责任人联系电话等资料。

(4) 乡镇级预案结构化要求

对乡镇级预案进行审核,需具备结构化的要求,具体包括如下内容:

① 基本情况:区域内的自然和经济社会基本情况、近期山洪灾害的类型及损失情况、近期山洪灾害的成因及特点。

② 危险区和安全区:完善辖区内危险区和安全区信息,绘制洪涝、山洪灾害简易风险示意图,标示危险区、安全区。

③ 组织指挥体系:乡(镇)、村级防御组织机构人员、职责及联系方式。

④ 预警方式:根据防汛基础信息评价结果,确定预警临界值、预警启动机制及预警发布流程和发送方式。

⑤ 转移路线和安置:确定需要转移的人员,制定人员转移安置方案,对重点区域绘制完成人员紧急转移路线图,明确转移安置纪律。

⑥ 抢险救灾:完善抢险救灾方案,建立抢险救灾工作机制。

5.2.2.3　非工程措施数据

非工程措施数据整编主要针对县(区)上报的水位站、雨量站、视频站、图像站、预警广播、预警终端展播等终端设备进行名录的收集和指标数据的整编。

1. 数据现状

目前非工程措施在县(区)实施方案编制中已经明确相关设备安装数量及位置,需基于各县(区)实施方案内容进行设备名录收集,并结合名录内容进行相关数据调研整编。

2. 整编对象

非工程措施数据整编主要完成本次项目建设的水位站、雨量站、视频站、图像站、预警广播、信息展播等设施基础资料的整编工作,同时包括设备型号、参数、位置信息、管理单位、实施单位等资料。

3. 整编任务与内容

(1) 数据审查

对县(区)上报的各类站点基础数据进行完整性和规范性审查。

(2) 测站编码

根据县(区)上报的各类站点名录,按照编码规则分别对其进行编码,并对编码进行管理。

（3）测站二维码管理

根据各测站基础信息生成二维码，并统一打印二维码标签，分发给各县（区），由各县承建单位粘贴至各站点的控制箱，作为各测站的身份标识。

（4）数据规整及入库

对县（区）上报的各类站点基础信息进行整编，并将基础信息、编码、二维码等信息统一入库。

（5）测站数据整编要求

水位站点数据的整编：收集各县（区）的水位站点名录、站点位置，按照国家水文标准《水情信息编码标准》（SL330—2005）对水位站点进行编码，整编水文站点属地、站点名称、所在河流、所在工程设施、经纬度、地址、水准基面、建筑类型、SIM卡号、设备品牌型号、安装时间、安装单位、实施人员、实施人员联系方式、现场图片等信息并入库。

雨量站点数据的整编：收集雨量站点名录，按国家水文标准《水情信息编码标准》（SL330—2005）对雨量站点进行编码，整编雨量站属地、站点名称、经纬度、SIM卡号、型号、品牌、安装时间、安装单位、实施人员、实施人员联系方式、现场图片等信息并入库。

视频站点数据的整编：收集视频站名录并进行站点编码，视频站编码参考防洪工程专题编码原则，整编视频站点属地、站点名称、所在工程、设备品牌型号、通信协议、经纬度、安装时间、安装单位、实施人员、实施人员联系方式、地址、现场图片等信息并入库。

图像站点数据的整编：收集图像站名录并进行站点编码，图像站点编码参考防洪工程专题编码原则，整编图像站点属地、站点名称、所在工程、经纬度、设备型号、品牌、SIM卡号、通信协议、传输频率、经纬度、安装时间、安装单位、实施人员、实施人员联系方式、地址、现场图片等信息并入库。

预警广播站点数据的整编：收集预警广播站点名录并进行站点编码，预警广播站点编码参考防洪工程专题编码原则，整编预警广播站点属地、站点名称、设备序列号、设备 ID 号码、安装地点、经纬度、管护人姓名、管护人手机号、设备品牌型号、安装时间、施工公司、运行状态、短信播报密码、现场图片等并入库。

信息展播数据的整编：收集信息展播终端名录并对终端进行编码，信息展播终端编码参考防洪工程专题编码原则，整编信息展播终端属地、终端名称、设备品牌型号、通信协议、电话号码、经纬度、安装时间、安装单位、实施人员、实施人员联系方式、地址、现场照片等并入库。

5.2.2.4　防洪工程数据

基于国家防汛抗旱指挥系统二期项目，已经完成防洪工程部分重点水利工程数据的整编工作，目前中、小型工程的数据完整度还不能达到汛期指挥调度的需要,因此,在此基础上,将涉及的中、小型工程作为重点整编任务,其中涉及的工程专题包括:水库、堤防、蓄滞(行)洪区、圩垸、水闸、险点险段、机电排灌站、灌区;自然对象专题包括:河流、湖泊。

1. 数据现状

目前全省防洪工程依托于国家防指二期项目、山洪灾害调查评价、全国水利普查等多项专题调查工作,已经完成了一定的基础资料的收集,但中、小型水库、泵站、水闸、堤防、圩垸的防汛特征数据仍有大量缺失,4级以下河流名录仍不完整,跨河治河工程、险点险段等专题数据需要收集,以现有的数据完整度和数据覆盖范围仍难以支撑山洪灾害防治监测预警业务。

因此,在已有防洪工程数据库及水利普查已收集的数据基础上,按照基层防汛监测预警需要,补充完善防汛重点区域的水闸、水库、河流、圩垸等防洪工程数据,实现上述数据的整编入库。

2. 整编对象

主要针对防洪工程数据库专题数据进行整编,整编的工程专题包括:水闸、水库、堤防、圩垸、险点险段、机电排灌站;自然对象专题包括:河流、湖泊。

对全省工程编码进行集中管理,数据整编单位需要结合防洪工程编码规范进行编码,经过省水利信息中心审核后入库。

3. 整编任务与内容

本次数据整编内容基于国家防汛抗旱指挥系统二期项目建设的名录确定。各县(区)负责收集基础防洪工程资料,结合各县(区)调查点调查,对县(区)重点防汛区域的防洪工程进行调研,形成调研资料并汇总上报。整编单位对县(区)收集上报的数据开展分类、整编及入库等工作。

(1) 数据审查

对县(区)上报各类防洪工程基础数据进行完整性和规范性审查。

(2) 防洪工程编码

按照防洪工程数据库编码规则分别对其编码并进行管理。

(3) 数据规整及入库

对县(区)上报的各类防洪工程基础信息进行整编,并将基础信息、编码等信息统一按标准入库。

(4) 防洪工程数据整编要求

本次防洪工程数据整编基于防洪工程数据管理系统及水利普查已有防洪工程数据,并在此基础上依据各县(区)调查点范围内的工程名录进行补充收集、整理,整编任务主要结合各县(区)上报的工程数据与已有数据进行比对,对变更指标进行数据校对,对新增工程进行编码入库。

① 水闸:目前已经具备全省水闸的整体名录、部分水闸与控制站、部分水闸设计参数、部分水闸工程特性、部分水闸效益指标、闸孔特征值资料,本次整编任务包

括调查县(区)调查点内涉及的水闸工程,主要对水闸与控制站、水闸设计参数、水闸工程特性、水闸效益指标等资料进行补充完善,并对泄洪能力曲线、历史运用记录、出险记录、橡皮坝、全景照片等资料进行收集整编。

② 水库:目前已经具备全省水库工程的整体名录,且大型水库和部分重点中型水库数据已经大致完备,本次整编主要针对调查县(区)调查点内涉及的水库数据,整编重点任务为中型、小型(一)和小型(二)水库。水库的基本资料需要补充完善,目前全省的水库名录统计数据已经汇总,需要针对县(区)调查点内的水库名录进行划分,并形成水库调查表下发,依据调查表名录进行补充完善。整编的主要指标项包括水库一般信息、水文特征值、洪水计算成果、入库河流、出库河流、水库基本特征值、水位面积、库容、泄量关系、主要效益指标、淹没损失及工程永久占地、大坝、泄水建筑物、单孔水位泄量关系、调度原则、建筑物观测、运行历史记录、出险年度记录、自动测报系统、遥测站、汛期运用主要特征值等,收集水库全景照片。

③ 堤防:目前已经具备全省堤防的整体名录、一般信息、基本情况面上数据。本次整编主要针对调查县(区)调查点内涉及的堤防横断面及其特征值、水文特征、主要效益指标、历史决溢记录、全景照片等资料。

④ 圩垸:目前已经具备全省圩垸的整体名录、部分一般信息、部分圩垸堤防基本情况、社会经济数据、圩垸基础信息、部分圩垸水文属性、历史破圩资料,本次整编任务主要对调查县(区)调查点内涉及的圩垸堤防基本情况、水文属性等资料进行补充完善,并对内湖、内河及建筑物基本情况、重点险点险段、蓄水量百万立方米以上内湖哑河表、内湖哑河水位面积—容积关系、蓄洪垸水位面积—容积关系、蓄洪垸进洪口、照片等资料进行收集整编。

⑤ 险点险段:目前已收集到的险点、险段名录共 9 条数据,集中在长江干流。本次需要对 57 个县(区)调查点范围内的险点、险段名录进行收集,并对险点、险段基本属性进行收集整编,同时收集险点、险段全景照片。

⑥ 机电排灌站:目前全省机电排灌站已经完成整体名录、一般信息、部分基本信息收集工作,本次整编任务主要完成对县(区)调查点内的机电排灌站基本信息的补充完善,并收集其全景照片。

⑦ 河流:目前全省河流名录基于 901 条水利普查的数据,本次整编任务主要包括县(区)内相关调查点内重点河流的河道横断面及其基本特征、洪水传播时间表、河流—河段、河段行洪障碍登记资料的完善以及在洪水风险图整理的 4 000 多条小河流中涉及本次 57 个县的河流基础数据收集整编工作。

⑧ 湖泊:目前全省湖泊名录已经统计完成,本次主要对涉及的县(区)内相关调查点内湖泊的基本特征、进湖水系、出湖水系、汛期限水位、水位面积、容积关系、湖泊社会经济基本情况资料进行汇总,并收集湖泊照片。

⑨ 关联关系整编:分析现有防洪工程各专题数据关系,通过建立的关系表对各专题之间的关系进行梳理,包括本次整编任务范围内的水库、控制站、堤防、水

闸、泵站之间的依赖关系以及工程与自然对象河流、湖泊的出、入水系的关系。

5.2.2.5　涉河工程

涉河工程数据整编主要包括桥梁、堰坝、排涝涵等内容,数据主要基于防洪工程数据整编资料,结合本次调查评价内容进行整编。

1. 数据现状

目前全省涉河工程依托于国家防指二期项目工作,已经完成了相当数量的基础资料收集,主要包括长江干流和淮河干流上跨河工程的资料,目前已经完成21座跨河工程资料的整编,其中有6项管道工程和15项跨河大桥工程。需要整编的堰坝、排涝涵等工程目前没有数据整编基础,需要通过对调查评价成果的数据进行整理入库。

2. 整编对象

主要包括桥梁、堰坝、排涝涵等工程专题,结合防洪工程数据库和调查点调查与评价成果数据进行整编。

3. 整编任务与内容

结合各县(区)调查点调查的涉河工程资料,对各县(区)上报的资料进行整编。整编单位对收集上报的数据开展分类、整编及入库等工作。

(1) 数据审查

对县(区)上报各类涉河工程基础数据进行完整性和规范性审查。

(2) 涉河工程编码

按照编码规则分别对其编码并进行管理。

(3) 数据规整及入库

对县(区)上报的各类涉河工程基础信息进行整编,并将基础信息、编码信息等统一入库。

(4) 涉河工程数据整编要求

① 桥梁:结合调查评价的桥梁工程信息,主要整编桥梁工程的名称、长度、桥面高程、河底高程、桥梁底板高程、孔数、过水总宽、桥墩宽度、现状、经度、纬度、建设日期、全景照片等资料。

② 堰坝:结合调查评价的堰坝信息,主要整编堰坝工程的名称、长度、高程、上游侧底坎高程、下游侧底坎高程、经度、纬度、建筑时间、全景照片等资料。

③ 排涝涵:结合调查评价的桥梁工程信息,主要整编排涝涵工程的名称、长度、经度、纬度、管理单位、所在河流、孔数、孔宽、孔高、底板高程、设计流量、结构形式、附近堤顶高程、起排水位、全景照片等资料。

5.2.2.6　空间数据整合

1. 数据现状

县级山洪灾害防治非工程措施项目将开展针对调查点的调查评价,调查评价空间数据以调查点为单位,可实现根据调查点查询相关工程的功能,但无法根据工程对象进行分类查询。本次需对调查点相关工程空间数据进行梳理整合。

2. 整编对象

对调查点所涉及的各类工程空间数据进行整合。

3. 整编任务与内容

对各县(区)完成调查评价空间数据与水利专题图层整合,实现在水利"一张图"上对调查点各专题空间数据的查询。调查评价空间数据以调查点为基础专题图层,包含调查评价相关的各类专题空间数据,对调查评价的空间数据按专题类型进行划分,形成水库、水闸、泵站、桥梁、转移路线、危险点、安置点等专题图层与水利"一张图"各对应专题图层进行合并,作为独立专业图层服务发布,将各县(区)调查点专题图与水利"一张图"专题图进行整合,并实现汇总查询。

5.2.3　数据库建设

基于山洪预警平台现有数据库,根据本项目数据整编对象及其相关属性,对不满足本项目要求的数据库表进行字段扩展,对未建立数据的数据库重新设计库表结构,以满足数据录入和应用的需求。数据库表设计完成后需经过专家审查后编写建表脚本。

5.2.3.1　防汛业务数据库

对防汛业务数据中涉及新增防汛业务的内容进行数据库表结构设计,主要包括调查评价业务、防汛业务中涉及的增项内容。

工程运用调度方案进行库表建设,表结构要求在山洪灾害三级通用基础库基础上设计建库,工程运用调度方案内容需要通过建立属性关联关系与预案基础表进行关联,对工程运用调度方案设计的指标进行分析,形成结构化表。

5.2.3.2　防汛预案数据库

基础数据管理需要具备各种行政区、工程等防汛类预案的扩展入库能力,预案基础名录数据结构包括:预案编码、预案名称、附件、所属单位/工程编码、所属单位/工程名称、编制单位、预案类型、所在市/县/乡镇/行政村、预案所属年度等。

此外,针对本次整编的防汛预案数据结合功能要求,对预案数据库表进行完善、对增项内容建立数据库表。

1. 预案基础表

对山洪多级通用平台预案基础名录数据进行完善,满足后期各类预案的扩展,完善的字段内容包括单位/工程编码、预案类型、预案所属年度。要求预案数据能够按年度入库。

2. 责任体系表

对预案的责任体系进行建表,表内容主要包括:对应预案号、网格名称、联系方式、格长等属性资料。

3. 预警指标与方式表

预警指标与方式表主要包括:对应预案号、预警级别、预警手段等。

4. 转移安置表

转移安置表主要包括:转移路线对应的预案、转移路线编码等,以完成与空间数据的对应。

5. 抢险物资表

抢险物资表主要包括:对应预案号、物资名称、单位、数量、联系方式、所在安置点等,所在安置点与安置点信息进行关联。

6. 生活保障措施表

生活保障措施表主要包括:对应预案号、生活保障措施内容等。

7. 网格住户资料表

网格住户资料表主要包括:对应预案号、对应调查点、户主姓名、人口、所在网格、其中老弱病残人口数量、联系电话、应用的转移路线、安置点、转移责任人姓名、转移责任人职务、转移责任人联系电话等资料。

5.2.3.3　非工程措施数据库

对非工程措施数据库进行优化完善,实现对信息展播终端、设备二维码等表结构的设计,对预警广播、视频站、图像站、水位站和雨量站等表结构进行扩充。

1. 信息展播终端表

信息展播终端表需要结合所在市、县、镇、乡镇、村,管理单位等基本情况进行建表,包含的字段主要包括:设备编码、设备型号、品牌、参数、通信协议、电话号码、经纬度、安装时间、安装单位、实施人员、实施人员联系方式、维保周期、地址、对应二维码编号等内容。其中设备编码字段长度需按照整编要求进行定义,二维码编号需与二维码管理数据一一对应。

2. 设备二维码表

设备二维码表主要结合安徽省项目进度和设备安装现状进行建设,要在系统完成建设前生成二维码,并发放至县级实施单位。安装后进行工程与二维码的绑定操作,为系统持续推进和后期衔接工作提供保障。二维码表设计主要包括:二维码编号、是否作废、作废原因、绑定的设备编码、绑定的设备类型。二维码编号以UUID形式生成,绑定的设备类型参考非工程措施各专题类型分类选择。

3. 预警广播表

预警广播表主要结合现有表结构内容进行扩展,扩展的内容包括:设备型号、品牌、参数、通信协议、安装时间、安装单位、实施人员、实施人员联系方式、维保周期、地址等内容。预警广播设计的电话号码、所在行政区为现有表已具备的属性，需结合实际情况对现有属性字段进行数据结构优化。

4. 视频站表

对现有视频站表进行升级，为明确视频站的意义需要建立隶属工程的关系表，并对现有表结构进行扩展。扩展的内容主要包括：设备型号、品牌、参数、通信协议、安装时间、安装单位、实施人员、实施人员联系方式、维保周期、地址等。

5. 图像站表

对现有视频站表进行升级，为明确图像站的意义需要建立隶属工程的关系表，并对现有表结构进行扩展。扩展的内容主要包括：设备型号、品牌、参数、通讯协议、传输频率、安装时间、安装单位、实施人员、实施人员联系方式、维保周期、地址等。

6. 水位站表

对现有水位站表进行升级，为明确水位站控制区域内容，需要对水位站隶属的水库、河流等工程信息关联关系表进行设计，并结合现有水位站表结构和本次整编任务，对水位站表结构进行扩展。扩展的内容包括：水准基面、建筑类型、设备参数、型号、品牌、安装时间、安装单位、实施人员、实施人员联系方式、维保周期、地址等。

7. 雨量站表

对现有雨量站表进行升级，为明确雨量站监控区域，需要对雨量站所属的水库、河流等工程的信息关联关系表进行设计，并结合现有雨量站表结构和本次整编任务，对雨量站表结构进行扩展。扩展的内容包括：设备参数、型号、品牌、安装时间、安装单位、实施人员、实施人员联系方式、维保周期等。

5.2.3.4　防洪工程数据库

结合调查评价，对防洪工程数据库设计的相关专题进行属性补充和数据结构优化。

1. 河流库表

对河流库表进行升级，基于原有库表，扩充河道大断面测量相关字段、河道中泓及测时水面纵断面测量相关字段。其中，河道大断面测量字段主要包括：所在调查点、施测时间、经度、纬度、上/下断面间距、岸别、河床情况、河床糙率、洪痕水位、堤顶高程、河流名称、测时水位、备注等。其中岸别选择左、右；经、纬度填大断面起点处坐标。河道中泓、测时水面、纵断面测量字段主要包括：所在调查点、起点距、高程、经度、纬度、河流名称、测量时间、位置、备注等。其中位置选填河道中泓、岸边水面。

2. 排涝涵基础信息表

排涝涵基础信息表主要包括：所在调查点、涵名称、经度、纬度、管理单位、所在河流、孔数、孔宽、孔高、底板高程、设计流量、结构形式、附近堤顶高程、起排水位、备注等。其中结构形式选择涵闸、涵洞;所在河流选择防洪工程河流;管理单位选择组织机构管理中的单位信息。

3. 防洪工程数据库升级

现有防洪工程数据库的基础属性设计不能满足农村基层防汛预报预警业务管理的需求,需在现有防洪工程数据库系统基础上,扩充关于基层防汛预报预警业务管理涉及的相关属性。

本次防洪工程数据库的名录数据需按行政区划分割,针对名录数量、名称进行数据的核对与增减,对名录内的工程属性进行补充、修改。本次需结合农村基层预报预警业务对河流、湖泊、水库、闸坝、堤防、断面以及圩垸的工程属性进行完善和修订。

(1) 河流

对各级别的河流进行属性核对,对低级别的河流冗余属性进行筛选精简。

(2) 湖泊

对湖泊的冗余属性进行精简。

(3) 水库

结合全省水利大、中型水库汇编手册,对大、中型水库的属性进行内容分解;将中、小型水库的关键属性进行抽取,并筛选掉非关键性属性。

(4) 闸坝

结合全省水利大、中、小型闸坝属性特征,对大、中、小型闸坝的属性进行内容分解,并筛选掉非关键性属性。

(5) 堤防

结合全省水利大、中、小型堤防属性特征,对大、中、小型堤防的属性进行内容分解,并筛选掉非关键性属性。

(6) 断面

对防洪工程中河流的断面属性进行优化,减少冗余属性,提高数据质量,并将相关乡镇地域关系与断面建立关系。

(7) 圩垸

增加控制站、排涝泵站、历史破圩等相关属性。

(8) 控制站

建立相关工程关系,增加相关工程的属性。

5.2.3.5 防汛调查数据库

在山洪灾害影响评估基础信息平台基础上,完善扩展数据库,形成统一的防汛调查数据库,同时满足山洪及基层调查评价需要。在已有的基础上主要对调查点的相关业务数据进行数据库表设计和扩展。

1. 调查区域基础信息表

针对调查区域基本信息建表,需要对每个属性进行字段定义,并经过专家审查后编写建表脚本。设计的调查属性包括：编码、县、乡镇、行政村、调查点、经度、维度、人口、户数、水准点名称、水准点位置、水准点选择参考点照片、水准点高程、高程校差值、绝对基面名称、洪灾属性、调查单位、组长及联系电话、调查时间、防汛责任人及电话、备注。其中人口、户数填调查点注册人口；绝对基面名称选填黄海、吴淞、废黄、假定等；洪水属性选填内涝、外洪、综合三者之一。

2. 历史洪水表

基于调查区域基础信息表，设计历史洪水表，主要包括：所在调查点、受灾年份、受灾类型、洪水场次、最高水位、调查流量、重现期(年)、受灾人口、死亡人口、倒塌房屋、致灾类型、参考依据、受灾影响、描述等属性。受灾影响：选填内涝、外洪、综合三者之一；洪水场次是年、月、日组合，如 1996 年 6 月 30 日洪水，填"19960630"。

3. 洪痕表

基于历史洪水表，设计历史洪水的洪痕表，主要包括对应历史洪水关系、对应河流名称、洪水场次、对应河道起点距、洪痕高程、经度、纬度、最高水位时间、成灾时间、受访者姓名、受访者年龄、备注等。

4. 居民户基础信息表

基于调查区域基础信息表，设计居民户基础信息表，主要包括：所在调查点、类别、户主姓名、房屋结构、宅基高程、人数、切坡、临水、经度、纬度、历史最高水位洪痕点高程、备注等。其中类别、房屋结构、切破、临水等属性一律通过字典进行选择。类别选填居民、学校、医院、敬老院、企业、事业或其他；房屋结构选填砖木、砖混、钢混、钢结构、简易或其他；切坡、临水选填有、无,平原水网区切坡不填。

5. 区域河流堰坝基础信息表

基于调查区域基础信息表，设计区域河流堰坝基础信息表，主要包括：所在调查点、堰坝名称、堰坝长度(m)、堰坝高程(m)、上游侧底坎高程(m)、下游侧底坎高程(m)、经度、纬度、建筑时间、备注等。

6. 调查点流域特征信息表

基于调查区域基础信息表，设计调查点流域特征信息表，主要包括：所在调查点、流域面积(km^2)、流域面积平均坡度(dm/km^2)、河道平均坡度(‰)、河网总长度(km)、河网密度(km/km^2)、主河道长(km)、流域平均高程(m)、形状系数、流域长度(km)、流域平均坡度(‰)等,此项数据表要求所有属性为数字类型,需要调查综合评定每项数据保留的小数点位数。

5.2.3.6 涉河工程数据库

设计涉河工程数据库，主要针对调查评价点范围内的桥梁、堰坝、排涝涵相关专题进行数据库设计。

1. 桥梁工程基础信息表

基于桥梁基础信息表，设计桥梁工程基础信息表，主要包括：桥梁编码、桥梁名称、桥梁长度、桥面高程、河底高程、桥梁底板高程、孔数、过水总宽、桥墩宽度、现状、经度、纬度、建设日期等资料。

2. 堰坝工程基础信息表

基于堰坝基础信息表,设计堰坝工程基础信息表,主要包括:堰坝编码、名称、长度、高程、上游侧底坎高程、下游侧底坎高程、经度、纬度、建筑时间等资料。

3. 排涝涵工程基础信息表

基于排涝涵基础信息表,设计排涝涵工程基础信息表,主要包括:排涝涵编码、名称、经度、纬度、管理单位、所在河流、孔数、孔宽、孔高、底板高程、设计流量、结构形式、附近堤顶高程、起排水位等资料。

5.3　县级防汛平台升级

对建设范围内各县防汛专用机房进行升级改造,并配置交换机、防火墙和其他网络安全设备,实现各县与省、市及乡镇的专线网络连接。主要建设内容包括以下几部分:

① 按照规范化要求对各县级防汛机房进行升级改造。

② 对各县水利局局域网进行改造,以满足人员日常业务工作开展的需要。

③ 租用专线网络,实现省、市、县三级防汛专网的互联互通。

5.3.1　机房改造

考虑到建成后的可靠性、美观性以及可扩展性,各县防汛机房机柜根据各县情况不同可采用排级机柜和一体化智能机柜两种建设方案。对于有独立机房的县(市、区),建议县级机房面积不低于 25 m²,规划采用排级机柜进行建设,对于没有独立机房的县(市、区)采用一体化智能机柜进行建设。

5.3.1.1　排级机柜

排级机柜建设方案通过配置集成的机柜、机柜行间空调系统、行级配电及监控系统,使得设备散热良好、气流组织有序、系统高效节能,易于控制管理。

1. 机柜系统

各县防汛机房主要配置 4 台 600 cm×1 365 cm×42 cm 封闭门设备机柜、1 台 600 cm×1 365 cm×42 cm 封闭门列头机柜、1 台氟冷行间空调。所配置计算机柜采用封闭机柜,机柜自带进回风通道,采用冷热通道隔离的方式,配合行间空调实现高密度制冷。机柜采用双侧走线单元,方便对高密度线缆进行有序管理;顶部配备一体化电源/数据线槽,更便于走线;同时机柜具备温湿度、漏水、烟感、配电等全面的机柜微环境监控以及超温自动开门保护功能。

图 5.3.1 一体化排级机柜效果图

2. 空调系统

行间空调机穿插在机柜排中布局,且与机柜为左右并柜布置,空调与机柜的主体框架前后均留有通道,机柜排两端安装侧板,在机柜排内形成冷热通道分离,正面为冷通道,背面为热通道,冷风由空调前部的风机吹出,分配到两侧机柜的服务器前端,带走服务器产生的热量,之后集中回到空调机柜的后部,通过热交换产生冷风,完成一次循环,有效避免冷热风混合现象,实现就近精确送风,提高空调系统的制冷效率(图 5.3.2)。

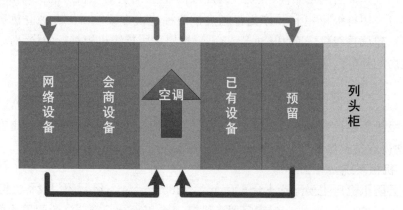

图 5.3.2 行间空调布设示意图

为考虑各县机房控制室管理舒适度,可在机房控制室配置一台柜式空调。

3. 配电系统

采用机柜排列头配电模块（PDM）实现配电分散控制。各县防汛机房配置 1
台列头配电模块、10 套机柜配电单元（PDU），由 PDM 分配给排内各机柜配电单元
PDU 和空调室内机，以便控制管理（图 5.3.3）。PDM 通过 IEC309 工业连接器与
机柜 PDU 可靠连接，机柜的配电线缆通过工业连接器安全可靠的给机柜内电源插
排供电。PDM 放置在列头配电机柜中以机架式安装，每个机柜后部配电通道分别
挂接 2 条 PDU。根据各县机柜系统配置情况，配置不间断电源（UPS）输出配电
柜，从 UPS 输出配电柜提供 1 路配电回路给 PDM 供电，用于为机柜 PDU 和空调
内机供电。

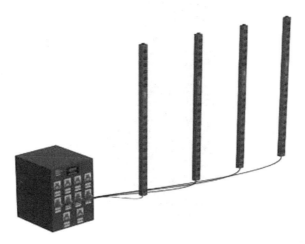

图 5.3.3　PDM 与 PDU 连接示意图

4. UPS 供电

按照《山洪灾害防治非工程措施补充完善技术要求》（全国山洪灾害防治项目
组，2013 年 10 月），结合实际，各县防汛机房 UPS 电源配置要求为不低于 6 kVA，
延时不少于 4 h，单相三线在线互动式，电池采用 12 V 免维护铅酸电池组。

要求从机房市电配电柜提供 1 路配电回路给排级系统供电，配电回路容量均
不低于三相 100 A、线径不低于 $5 \times 25 \ mm^2$。

5. 运行监控

为加强和规范安徽省各县机房设施的管理，及时发现和消除安全隐患，保障业
务的安全稳定运行，安徽省已建成安徽省水利厅 IT 运维平台，对全省各县级机房
的运行状态进行集中监控、管理，并提供接口供安徽省基层防汛监测预警平台调
用。各县可通过基层防汛监测预警平台进行实时数据的访问。各县防汛机房改造
中选用的机房机柜需集成温湿度、漏水、烟感、配电、柜门开启等状态监测功能，并
增加配置嵌入式管理终端，实现各运行监控参数与安徽省水利厅 IT 运维平台的远
程组网。

5.3.1.2 一体化智能机柜

一体化智能机柜如图 5.3.4 所示,在一台机柜内一体化集成制冷、配电、监控、综合布线、UPS 及蓄电池等,可在机柜内形成一个微型数据中心,并可为 IT 设备提供不低于 25 U(U 是表示服务器外部尺寸的单位,是"Unit"的编写,1 U=4.445 cm)的可用空间。

图 5.3.4　一体化智能机柜参考图

1. 封闭机柜系统

① 机柜前、后门均采用全封闭设计,机柜内部一体化集成冷、热风通道,实现冷、热气流分离。

② 机柜外形尺寸要求:高 2 080 mm×宽 600 mm×深 1 265 mm。

③ 机柜要求安装自动开门系统,具备超温和烟感报警自动开门保护功能,当遇到高温或烟雾报警时,机柜前、后门均可自动打开,且开门角度不小于 90°。

④ 机柜前、后门均须配置电磁锁(前、后门各配置 2 块,共计 4 块),采用刷卡、密码两种开启方式。

⑤ 机柜内配置 LED 照明灯,选配 LED 装饰灯带。

⑥ 机柜前门为玻璃门,便于观察机柜内设备运行状态。

⑦ 机柜系统须监控采集上传的主要内容有:机柜内部设备的进风及回风温度、机柜开关门状态、烟感及漏水状态。

2. 空调系统

① 空调采用模块化、机架式安装,制冷功率不低于 5 kW。

② 空调管路支持选用上行或下行安装形式,全程标配快速连接模式,无需动

火焊接。

③ 空调室外机采用壁挂式安装。

④ 空调机组需监控采集上传的主要内容有：压缩机工作状态、高压报警状态、低压报警状态、高温报警状态、低温报警状态。

3. 配电系统

① 配电模块采用模块化设计，机架式安装，UPS 要求具备丰富可扩展智能化管理和通信功能，可实现 UPS 集中监控和远程监控等管理方式。

② UPS、电池组采用模块化、机架式安装，UPS 容量不低于 6 kVA，蓄电池支持满载 30 min 后备时间，可外置电池柜，支持超长时间待机。

③ 配电模块标配支持 2 路市电输入，可手动进行切换，可选配 ATS 开关以实现自动切换，保证系统稳定运行。

④ 机柜内部采用嵌入式、一体化配电单元 PDU 为 IT 设备供电，不能采用普通插座、地插等非专用设备。

⑤ 配电模块支持 UPS、空调室内机、空调室外机供电，并带有防雷模块；配电模块要求内置电量监测模块，可实时监测主输入电压、电流、有功功率、视在功率、功率因数以及各输出支路电流。

⑥ 配电模块输出要求：4 路 16 A/1 471 W（1 路用于空调供电，1 路用于 UPS 供电，2 路备用）。

⑦ 配电模块要求具备 RS485 接口，可将监测数据上传至上层监控平台，支持远程监控，且无偿提供通信协议。

⑧ 配电模块须监控采集上传的主要内容有：主输入电压、电流、有功功率、视在功率、功率因数。

4. 监控系统

① 本地配置 7 英寸（1 in＝3.54 cm）LCD 触摸显示屏，可实时显示机柜内各项运行参数，便于查看。

② 标配短信报警模块及声光报警模块。

③ 支持远程 Web 监控。

④ 配置嵌入式管理终端，支持远程组网监控（群控）。

5.3.2　局域网建设

本次开展的局域网建设主要是为了实现各县水利业务工作人员在办公场所就可以访问水利专网的应用系统和数据、网络安全防护及机房运行状态的远程监控的目标。

5.3.2.1　网络拓扑要求

各县（区）网络建设，要实现接入水利专网、互联网、局机关各办公电脑、各县

(区)自建系统,使局机关所有工作人员在办公场所电脑上可以直接访问水利专网的应用系统,如省防汛抗旱综合平台(http://10.34.0.1)、基层防汛监测预警平台(http://10.34.0.76),实现网络设备及机房运行状态、各县(区)自建系统的数据、县\乡\镇视频会议向市、县传输的目的。原则上各县(区)网络拓扑要求如图5.3.5所示。

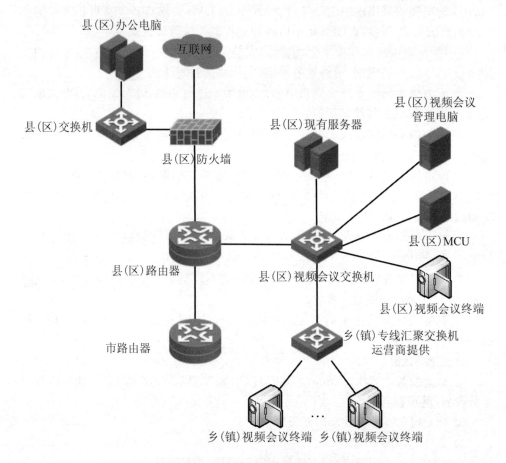

县(区)办公电脑

互联网

县(区)视频会议
管理电脑

县(区)交换机

县(区)现有服务器

县(区)防火墙

县(区)MCU

县(区)路由器

县(区)视频会议交换机

县(区)视频会议终端

市路由器

乡(镇)专线汇聚交换机
运营商提供

…

乡(镇)视频会议终端　乡(镇)视频会议终端

图 5.3.5　县(区)网络拓扑示意图

5.3.2.2　IP 地址分配及路由设置要求

根据水利部《水利信息网命名及 IP 地址分配规定》,安徽省水利厅对各县(区)水利专网建设需配置的 IP 地址段进行了划分,各县(区)项目承建单位,应根据分配的对应 IP 地址段再划分子网段,并对路由器、交换机、防火墙、MCU、县乡视频终端、县机房集中监控设备、自建服务器等网络设备各接口具体 IP 地址进行分配、配置。

各县(区)的水利专网只允许对办公电脑分配非水利专网的私网 IP 地址(如

192.168.0.0),再通过路由器或防火墙进行 NAT 转换来访问水利专网。

各县(区)路由器采用 OSPF 路由协议与市路由器相联,只允许发布水利专网 IP 地址段(10.34.0.0)。各县(区)路由器与交换机、防火墙、MCU、县乡视频终端 等县(区)网络设备互联采用静态路由。

5.3.2.3　QOS 设置要求

在路由器上对视频会议网络流量设置 QOS,具体设置由平台承建单位设置, 各县(区)项目承建单位配合。

5.3.2.4　设备安装配置要求

路由器、交换机、防火墙、MCU(如有)须安放到县(区)项目建设的机房,接入 UPS 供电,接入机房防雷防静电系统。

设备线缆需要整理扎好,设备连线必须贴标签,标签格式为从设备接口到设备 接口,例如 AR3240-ETH0 To S5700-ETH1;并在命令行中对设备接口添加描述 (description)。例如,六安市金寨县路由器连接金寨县 S3600 交换机的接口可描 述为"To_JZ_S3600_ETH1";设备命名(hostname 或 systemname)采用统一格式, 如:"六安市金寨县 S3600 交换机"命名为"LAS_JZX_S3600"(其中 LAS 为六安市 首字母,JZX 为金寨县首字母,S3600 为设备型号);网络设备登陆方式采用 SSH 登陆,并关闭 Telnet 功能;在路由器、交换机、防火墙等设备上配置策略过滤 135～ 139 端口、445 端口(ACL 统一配置成 3002;策略统一名称为 DenyPort),以保证网 络安全。

县到乡镇租用的点对点专线应为点对点专线,在县(区)水利局汇聚时,需提供 一个独立的千兆端口,接入视频会议系统交换机(各县本建设项目购置),满足县、 乡视频终端的 IP 地址在同一个网段内的要求。

5.3.3　专线租用

考虑各县建设了视频会商、监测预警平台、视频监视及图片监视等系统,数据 传输量日益增大。本项目需要在各县租用到省、市的计算机网络专线,实现各县到 省、市通信的计算机网络专线带宽不低于 20 Mb/s。

县到乡镇的计算机网络专线主要用于县到乡镇的视频会商,各县租用的到辖 内每个乡镇的计算机专线带宽应不低于 10 Mb/s。本项目计算机专线网络拓扑结 构参见图 5.3.6。

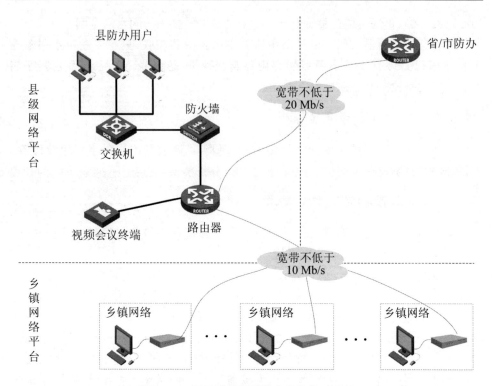

图 5.3.6　县级计算机网络专线拓扑示意图

第 6 章　预警信息发布

预警信息发布是在监测信息采集及平台分析决策的基础上,通过确定的预警程序和方式,将预警信息及时、准确地传送到山洪灾害可能威胁到的区域,使接收预警区域的人员根据山洪灾害防御预案,及时采取防范措施,最大限度地减少人员伤亡。结合实际,安徽省山洪灾害预警信息发布方式主要包括防汛信息展播、无线预警广播、学校预警设备、简易雨量(报警)器配置、简易水位站建设、人工预警设备等(图 6.0.1)。

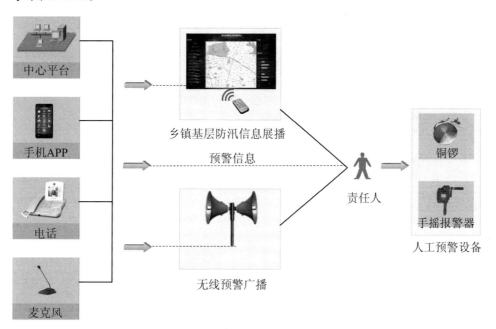

图 6.0.1　预警信息展播与发布系统建设技术路线图

6.1　防汛信息展播

防汛信息展播是通过在基层配置显示设备和信息展播专用机顶盒,使得监测预警平台能够把预警信息、雨水情信息、视频/图像信息、水利宣传信息、日常业务数据等通过类似"电视频道"的方式主动推送给乡镇级用户群体,为乡镇级乃至村级提供防灾减灾实时预警展播服务,满足乡镇对县级防灾减灾预警平台向下延伸的需求,大幅提升基层防灾减灾能力。主要布设于县级水利(务)局的大厅、走廊,基层乡镇政府的大厅、走廊、值班室,基层水利工程管理处等。乡镇水利管理人员可通过遥控器用类似切换电视频道的方式,简单直观地获取辖区内防汛业务管理相关信息,也可以通过手机 APP 或短信实现本单位日常通知的发布(图 6.1.1)。

图 6.1.1 安徽省已建防汛信息展播系统运行现状

6.1.1　技术路线

基层防汛信息展播以信息展播专用机顶盒为核心,根据安装环境的不同配置相应显示设备(室内液晶显示屏或者室外 LED 显示屏)、遥控器等。县级水利管理人员通过在监测预警平台定制当前预警、雨水情、视频/图像、水利宣传等频道,并将频道发布到各个乡镇机顶盒,乡镇水利管理人员便可通过遥控器用类似切换电视频道的方式获取辖内相应实时预警、雨水情、视频/图像、水利宣传等信息。主要技术路线参见图 6.1.2。

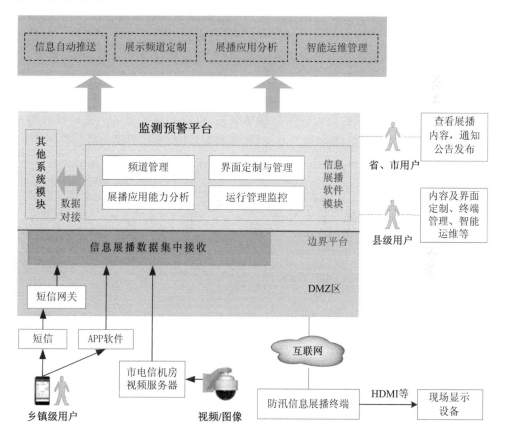

图 6.1.2　基层防汛信息展播设备技术路线图

6.1.2　数据来源

1. 系统对接数据

基层展播内容涉及雨量、水位、视频、图像、预警等实时数据及防汛基础信息。

获取上述数据需要与监测预警、防洪工程数据库管理、视频监控、短信网关等系统对接。模块通过与省级视频监控平台对接,实现基层视频站点视频流数据转发,完成展播设备的视频监控数据在线浏览。通道平台通过与省级统一短信平台对接,实现基层管理人员短信通知内容在管理范围内展播终端的实时展示功能。

2. 发布数据

主要包括省、市、县及乡镇级用户编辑的通知、公告、宣传培训内容等数据。

6.1.3　展播频道

通过监测预警平台可以定制每个展播站点的显示频道和内容,当站点管理人员通过遥控器对站点设备进行"频道切换"时,站点设备可以实时展现已定制频道的内容信息。根据安徽省山洪灾害防治需要,系统设置信息显示与预警、视频/图像与水利宣传三个基本频道。

1. 信息显示与预警

乡镇通过选择定制的雨水情信息展播频道,可以在显示设备上实时获取本地最新的雨水情、预警信息(图 6.1.3)。当有预警发生时,显示界面支持告警闪烁。

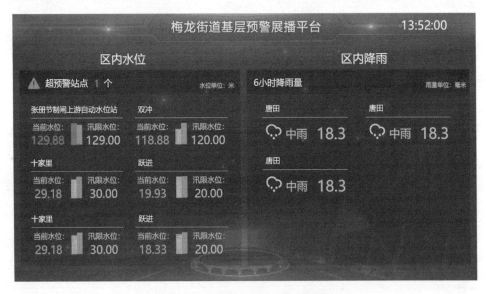

图 6.1.3　预警信息频道显示效果图

2. 视频/图像

乡镇通过选择定制的视频/图像信息展播频道,可以在显示设备上实时获取本地已建设的视频/图像监测站的实时监测数据。

3. 水利宣传

在非汛期,显示设备支持监测预警平台推送的山洪灾害防御知识、避险常识等宣传信息；也可以发布领导讲话、会议视频、红头文件、紧急通知等重要文件，实现防汛业务信息的省—市—县—乡多级联动发布；为乡镇基层水利管理人员分配权限，支持管理人员向显示设备发送本单位日常通知信息(图 6.1.4)。

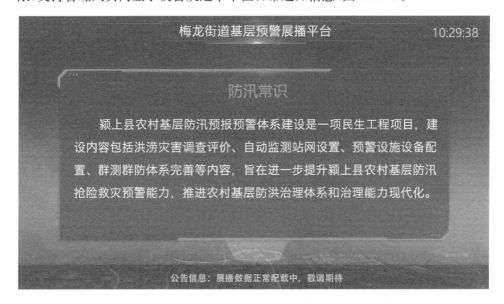

图 6.1.4　基层防汛信息展播基层日常应用显示效果图

6.1.4　站点技术要求

1. 待机唤醒功能

汛期遇山洪灾害预警时，可通过信息展播专用机顶盒控制远程显示设备开机。

2. 频道强制切换功能

在显示设备处于正常显示状态下，可优先接收远程预警指令，强制切换频道至预警画面或视频会议内容。

3. 远程管理

防汛信息展播设备相关参数包括设备地址、时钟校时、运行模式、版面定制等功能支持监测预警平台远程设置修改，可远程通过 PC 机对参数进行修改。

4. 分屏展示

支持"分屏显示""分频道显示"，满足一机两用、一机多用的使用需求。

6.2　无线预警广播

　　无线预警广播可在监测信息采集及调查评价分析的基础上,通过计划的预警程序和方式,将预警信息及时、准确地传送到可能受山洪灾害威胁的区域,使接收预警区域的人员根据防汛预案,及时采取防范措施,最大限度地减少人员伤亡(图6.2.1)。该系统布设在山洪危险区、行蓄洪区、低洼易涝区、采煤塌陷区、有人居住的圩口等乡镇、行政村及自然村。

图6.2.1　安徽省已建设的无线预警广播

6.2.1　技术路线

　　无线预警广播实际上是一台无线预警接收机,可以实时发布来自手机(短信或语音)、县级监测预警平台、固定电话、麦克风的预警信息。安徽省防汛指挥部门通过县级监测预警平台产生内部预警、发布预警信息,各乡(镇)政府接收安徽省县防汛部门下发的预警信息,传输给村、组、户响应启动。信息接收人可通过无线预警广播发送预警信息并及时反馈给县级防汛指挥部门(响应结束)。紧急情况下县级防汛部门可通过无线预警广播直接对村、组发布预警信息。无线预警广播技术路线参见图 6.2.2。

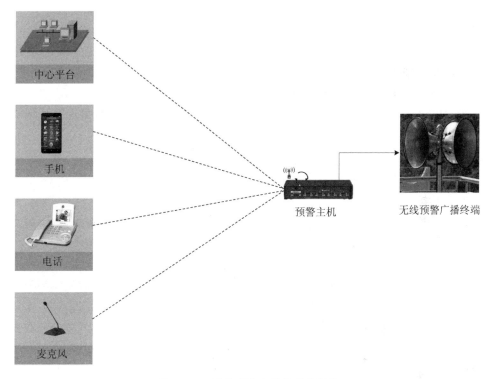

图 6.2.2　无线预警广播技术路线图

6.2.2　功能要求

1. 系统整体功能要求

无线预警广播可以实时接收县级监测预警平台发布的预警信息,并通过高音喇叭向当地居民报警,高音喇叭要求音量足够大以使尽可能多的村民听到。该系统应具有远程电话语音广播扩音、短信转语音广播扩音、MP3 播放、线路输入等功能,并且带双电源供电系统(交流供电和 UPS 供电)、双电话语音程控广播、移动和固定电话全方位通信广播。

2. 通信要求

① 设备需支持授权 GSM/PSTN 号远程呼入广播(GSM 公用通信网为主信道,PSTN 公用电话通信网为备用信道),具有 GPRS 数据通信功能;

② 设备具有短信文字转语音功能(容量不少于 500 字、短信语音播报流畅、支持常用多音字),能将手机直接发送的短信或者短信平台发送的短信转化为语音播

出,能实现短信语音重复播放 1~99 遍;

③ 发布短信或电话广播均有白名单设置或 DTMF 双音频呼入密码验证功能,其中白名单号码可设置不少于 20 个;

④ 设备应有自检功能,设备状态信息可发送到管理平台以反馈运行状态;

⑤ 设备应具有异动报警功能,当设备的市电开关置关闭状态、充电设备断电、电池断电或功放断开时,可实时自动发送广播预警使用记录信息到管理平台。

3. 供电要求

① 考虑到无线预警广播主要安装在农村与基层,电压极不稳定,易造成设备损坏,因此配备的 UPS 须为在线式,并具备稳压作用。UPS 平时处于低功耗值守状态,值守功耗不大于 1 W,当收到短信、手机、固定电话等授权控制信号后自动开启功放电路进行信息发布;为防止灾害发生时交流供电中断,无法将预警信息广播出去,每套无线预警广播配备 1 kV UPS 1 台、17 AH/12 V 蓄电池组 1 组(3 节),作为备用电源。

② 采用 AC/DC 双电源供电,实现交流电和内置储能充电电池在线切换,耐宽电压 110~280 V 自恢复用电保护。

③ 设备在交流断电情况下依靠内置储能电池至少可待机 3 天,持续广播供电 30 min 以上,在没有信息输入广播的情况下,自动进入省电状态。接收机功率放大器可以受控工作,当需要本地报警时,可通过人工开启功率放大器,通过 MIC 本地人工播放警报信息,播放完毕,人工关闭功率放大器电源。但考虑到可能会存在人为疏忽,如果开启了功率放大器的电源忘记关闭,会导致蓄电池的电源亏电。为了避免发生这种情况,在开关上使用了时间继电器,设定时间继电器的时间为 6 min,即在人工开启功率放大器的电源 6 min 之后,自动关闭功率放大器的电源,以保护蓄电池。

4. 接口要求

① 音源:至少支持 1 路本地麦克风输入,1 路线路输出,至少 2 路本地功放输出;

② 电源:交流电输入接口、1 路可控交流电输出接口(功率≥100 W)、备用蓄电池接口、太阳能电池板接口;

③ 天线:GSM/GPRS/CDMA 天线接口、收音机天线接口。

5. 运行状态监控功能要求

对于新建的预警广播站点,为保障其可靠性,需具备如下功能:一是设备出现故障时能提供报警提示,并将故障代码返回到管理中心管理平台;二是可以设定设备每天向中心管理平台发送平安报告;三是支持平台对现场设备运行状态参数进行遥测,以实时监测设备的工况(电源、功放等)。

6. 其他要求

① 设备需具有 MP3 播放和本地一键报警功能,具有 USB 或 SD 卡接口,能实

现预存预警录音的自动播放。

② 设备具有 FM 调频(87~108 MHz)广播接收、播放功能,并能远程设置广播频段。

③ 具有电源、音频功率、网络在线指示等功能;可以远程监听广播内容;内置监听喇叭,可实现预警信息室内监听。

④ 具有多重保护功能,能防:喇叭遭受外力冲击、输出过载、输入信号过大、负载短路,且内置防雷保护模块、接地端口等,还要进行防潮、防霉、防虫、防尘等工艺处理。

⑤ 设备具有播放优先权分级能力:每种方式都能够独立播放,遇到播放冲突时依据优先级进行切换,自动完成所有播放任务;优先级排序为:紧急报警(本地手动报警按钮)、麦克风、电话、短信、MP3。

⑥ 具有远程配置管理和查询参数功能,通过短信方式设置管理号码、授权号码,操作简单,可以设置 10 个以上的管理号码和授权号码,拨入号在通过 DTMP 双音频呼入密码验证后才能直接广播。

⑦ 可支持 SIM 卡锁定。

⑧ 支持实时报告设备的工况,支持平安报告、异常报告、支持管理平台实时发布预警信息。

⑨ 具有较好的抗干扰功能,能够自动识别预警信息信号和外界干扰信号,避免播放干扰信号等杂音。

6.2.3　站点安装要求

无线预警广播站点的安装要求如图 6.2.3、图 6.2.4 所示:

① 安装前应对无线预警接收机、调频天线、大功率高音喇叭系统等设备进行完好性检查。

② 无线预警广播的预警主机一般安装在室内,扬声器使用支架安装在室外房顶上或空旷的坪上,连接线采用专用线管保护。

③ 所有扬声器均应独立走线,线芯数为扬声器数量的两倍,宜采用截面积大于 1 mm² 的铜芯线缆,绝缘电阻不小于 5 MΩ。

④ 若安装在房顶,安装高度宜高于房屋顶 2 m 以上,扬声器朝向应避开遮挡,布线应整齐、规范。

⑤ 无线预警广播支架使用 Ø48 mm×2 200 mm 热镀锌钢管焊接,制作 600 mm×600 mm×200 mm 的 C25 砼底座,使用 Ø16 mm 的膨胀螺栓将广播站支架主体固定在基座上面。

⑥ 调频天线安装在户外屋顶上。应采用专门的铁制支架整体安装此类设备。整个支架应能承受 7 级以内风力的破坏,因此要求施工时除每个支架连接处用螺

栓连接外,还须用电焊焊在一起,在安装支架地脚前必须检查螺栓的直径、长度及尺寸,除去其表面油污,在砼浇制前地脚螺栓丝扣部分应涂黄油并用塑料包裹,浇制时地脚螺栓应用专用锚板固定。同时应采取有效的防雷避雷措施,支架顶端应安装高于顶端1.5 m的避雷针,天线采用信号避雷器以隔离发射终端,所有信号和电源线缆采用屏蔽线。

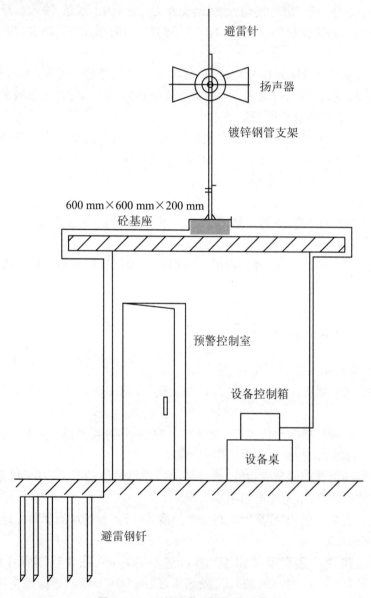

图 6.2.3　无线预警广播安装示意图

⑦ 无线预警广播设备应满足全省统一运行和维护的需要。

⑧ 设备全部安装完毕后,应进行整体测试,测试各预警广播的人工报警和自动报警的功能,调整报警声音的强度和质量,测试与防办平台中心之间的通信。

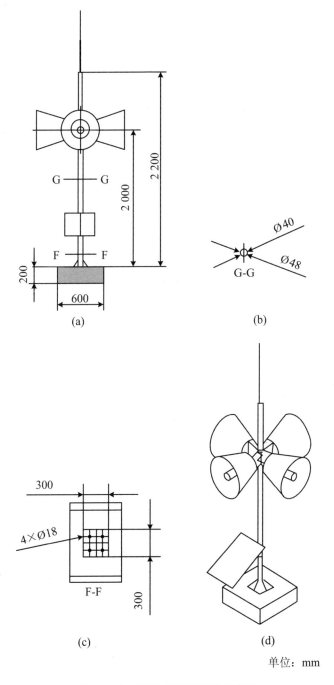

单位: mm

图 6.2.4　支架、扬声器安装示意图

6.2.4　站点设备配置

安徽省无线预警广播站点建设的主要设备、设施清单参见表6.2.1。

表6.2.1　无线预警广播站点建设主要设备、设施清单

序号	建设任务	单位	数量	备注
1	无线预警广播主机	套	1	
2	室外扬声器	套	4	
3	室内机箱	台	1	
4	UPS电源套件	台	1	
5	安装基座	项	1	
6	立杆	项	1	
7	防雷接地	台	1	
8	安装辅材	台	1	

6.3　学校预警设备

随着我国山洪灾害防治非工程措施项目不断推进,山洪灾害学校预警能力建设已经提上日程。在山洪到来时,如何做到预警信息及时发布和有效组织师生安全转移是山洪灾害防治领域的新方向。"十三五"期间,全国山洪灾害防治项目组也在多个文件中提到"探索试用新型监测预警设备、设施,向相关部门和重点单位推送监测预警信息,特别是推送到山洪灾害防治区中小学校"。本方案提出的学校预警专用设备,在2016年度安徽省舒城县山洪灾害防治非工程措施示范县建设项目中得到了有效的应用。该设备集预警信息发布、灾害知识宣传、应急预案管理及学校日常应用等功能于一体,可以实现学校、防汛部门、监测中心三方快速互动,是针对师生群体的全方位、多层次、立体化的防灾减灾非工程措施,很更好地解决了山洪灾害防治"最后一公里"的预警问题(图6.3.1)。

图 6.3.1　安徽省已建山洪灾害学校预警设备运行状态

6.3.1　技术路线

　　学校预警系统主要由中心管理平台、学校终端用户和学校山洪预警信息终端站的三层结构组成。中心管理平台作为山洪灾害学校预警系统正常运行的后台应用支撑,布设在县防汛主管部门。学校终端用户的使用权限由中心管理平台授权,一般设为学校的老师。通过平台开放的功能,学校可实现对山洪灾害学校预警系统的日常应用。学校山洪预警信息终端站主要包括终端站 SRCU、终端显示屏等部件。山洪灾害学校预警系统拓扑结构如图 6.3.2 所示，运行逻辑如图 6.3.3 所示。

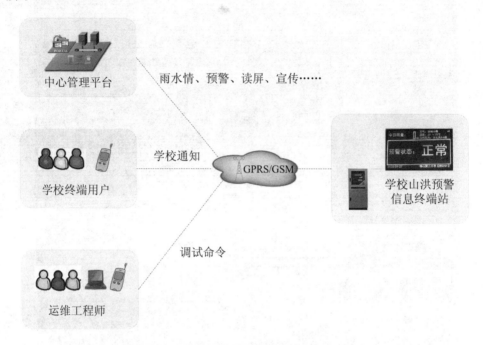

图 6.3.2　山洪灾害学校预警系统拓扑结构图

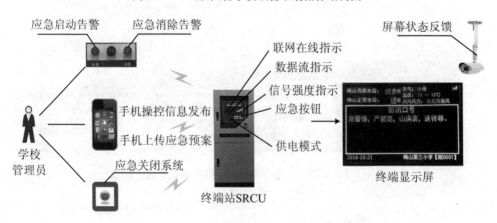

图 6.3.3　山洪灾害学校预警系统运行逻辑示意图

6.3.2　系统功能

1. 终端站的水文与预警信息显示

终端站按照设定的信息刷新周期,通过 GPRS 信道自动向中心管理平台请求和接收与该终端站点关联的最新的雨量信息、水库水位和山洪告警等级指令,并在 LED 信息屏上实时刷新显示(图 6.3.4)。

图 6.3.4　终端站的水文与预警信息显示流程图

2. 终端站的声光告警

终端站如果接收到的山洪告警等级达到或超过告警门限,则启动声光警笛报警器发出警报;管理员可以通过终端站控制面板上的按钮或者远程控制启/闭声光告警器(图 6.3.5)。

图 6.3.5　终端站声光告警数据流程图

3. 山洪灾害防治知识宣传

在非汛期,终端站信息显示屏的"公共信息发布区"支持显示中心管理平台推送的山洪灾害知识、避险常识等宣传信息(图 6.3.6)。通过学校预警设备的宣传信息,从娃娃抓起,将学校打造为山洪灾害防治知识宣传的主阵地。

4. 学校日常应用

在非汛期,支持学校管理员通过手机短信向终端站信息屏的"公共信息发布区"发送学校通知等信息;终端站 SRCU 会对发送的信息进行分析,过滤非法信息后将信息推送至终端站显示屏显示(图 6.3.7)。

此项功能仅限在非汛期使用,且优先级低于中心管理平台发送过来的数据信息。

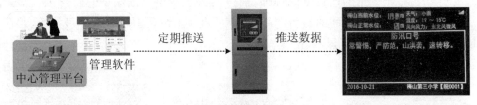

图 6.3.6　终端站的山洪灾害防治知识宣传流程图

图 6.3.7　学校日常应用数据流程图

5. 远程读屏

远程读屏功能是为了监视学校预警终端显示屏幕信息是否实时刷新、是否被断电、是否有坏斑,以便及时维修(图 6.3.8)而设置的。

当中心平台发出召测命令时,读屏模块需在 3 min 内向中心平台返回现场显示大屏的实时图片信息。

图 6.3.8　读屏数据流程图

6.3.3 终端工作流程

山洪预警信息终端站控制器(SRCU)通过以下流程开展工作:

1. 实时监听接收数据

终端站实时监听接收来自中心站、分中心站、APP 终端用户、SMS 终端用户以及现场 RS-232 串口终端用户等多种通信信道源的数据,成功解析后,自动识别数据操作指令种类并予以响应,完成相应的数据操作指令后对通信信道发送源头做出应答回复。

2. 定时请求刷新数据

终端站定时向中心站服务器发出数据请求,获取并动态刷新显示终端站所属地区的实时水文气象数据、预报信息、山洪预警等级状态信息内容,并根据山洪预警等级高低,自动启/闭声光告警器。

3. 定时采集自报数据

终端站定时采集现场 SRCU 的供电电压、运行温度、通信网络信号强度及工作状态等自检信息,并以自报方式向中心站服务器发送数据。

具体工作流程如图 6.3.9 所示。

6.3.4 终端外观设计

学校山洪预警信息终端站主控单元 SRCU 外观设计如图 5.3.10 所示,通过设置透明机箱门可以看到数据传输状态、联网状态、无线信号强度、供电选择及告警状态等信息。

学校山洪预警信息终端站电子显示屏显示内容包括对水文气象、地质灾害、山洪灾害宣传等信息的发布,主要由远程中控单元 SRCU 提供驱动接口和软件实现定制。支持学校自行选配的任意显示类型、屏幕尺寸和安装方式的 LED 信息屏,使得学校可以同时获得山洪预警和学校信息发布的差异性专属应用功能,如图 6.3.11所示。

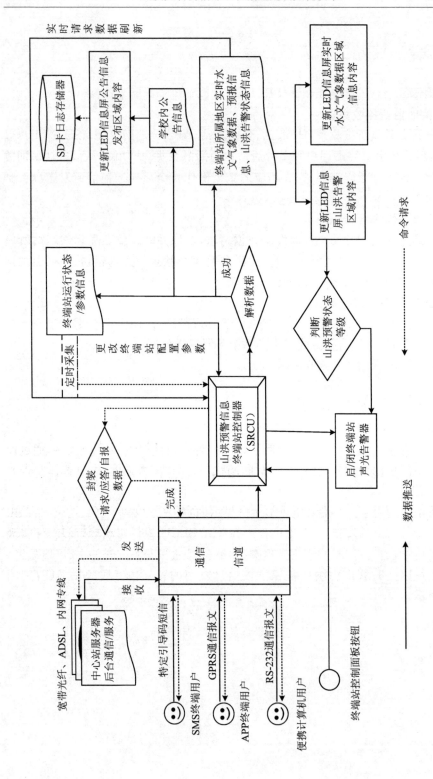

图6.3.9 山洪灾害学校预警信息系统远程中控单元SRCU工作流程设计图

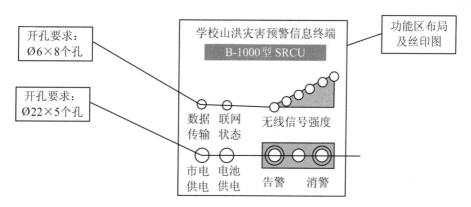

图 6.3.10　山洪灾害学校预警信息终端站主控单元 SRCU 外观设计示意图

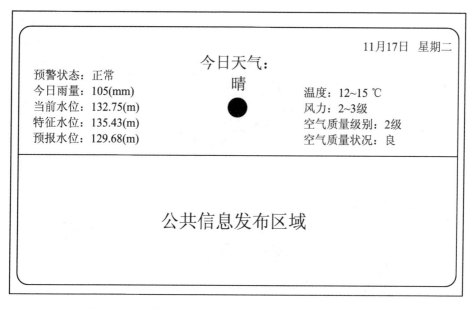

图 6.3.11　学校山洪灾害预警信息终端站外观设计示意图

6.4　简易预警设备

6.4.1　简易雨量观测报警器

简易雨量观测报警器具有雨量观测和报警的功能。观测器可实时显示时钟、最近 1 小时雨量、今日雨量等信息。报警器具有现场分级设定报警阈值功能,可根据区域内雨情的临界值或降雨强度在现场分级设定报警阈值。当降雨量超过分级报警阈值时,报警器采用声或光报警方式,也可以采用语音或显示文字等方式进行报警。

6.4.1.1　系统组成

在平房的房顶用混凝土预制简易雨量观测报警器基座,安装简易雨量观测报警器雨量计,配备雨强和雨量定时语音报警器,以便监测员能直观和方便地进行监测。

简易雨量观测报警器拓扑结构参见图 6.4.1。

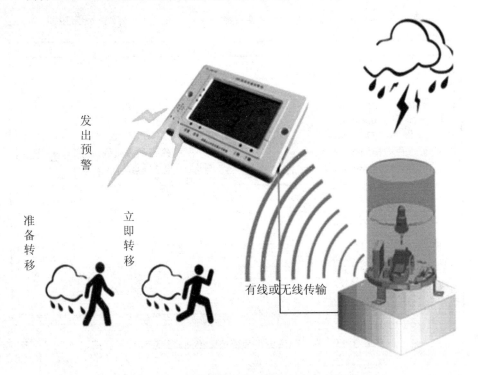

发出预警

准备转移

立即转移

有线或无线传输

图 6.4.1　简易雨量观测报警器拓扑结构图

6.4.1.2　安装要求

① 承雨器安装在空旷区域,安装位置离开遮挡物的距离要超过遮挡物高度的 2 倍,一般安装在屋顶等不易受人员干扰的地区;

② 报警器安装在有人值守的室内,固定到一定高度,声音易于听到;

③ 安装报警器还需要考虑供电等问题,尽量使用交流转直流电供电;

④ 安装时应固定牢固,所有电缆等均应做穿管等处理。

6.4.1.3　功能要求

① 具备降雨信息实时监测、接收、信息显示和存储功能；

② 具有超雨量阈值自动报警功能，支持语音、警笛、闪光、屏显等多种报警方式；

③ 支持设置 4 个以上的告警雨量阈值和不少于 2 个级别的告警；

④ 具有按时段、场次设置降雨告警阈值的功能；

⑤ 液晶屏具有通信状态和电池电量显示功能；

⑥ 可以存储 1 年以上的日降雨量，支持串口数据导出；

⑦ 具有按键设置和液晶屏信息显示功能；

⑧ 具备历史降雨量统计功能，统计以自然天、周、月为基准时间段；

⑨ 具备降雨告警历史查询功能：可查询 60 组最近雨量告警记录，告警记录包括报警时间、报警级别、时段和降雨量等信息；

⑩ 雨量采集器与告警器通信组网采用无线射频网传输数据；

⑪ 具备背光功能：发生警报时，液晶屏幕背景灯光长亮；

⑫ 可实时自动采集雨量参数，实现雨量的自动采集、现场存储和自动传输功能。

6.4.2　简易水位检测站

简易水位监测站主要是在溪河岸边、水库坝前设立的便于监测的直立或斜坡式水尺；对于无条件设立水尺的监测站，可在水流岸边近处固定建筑物或岩石上标注水位刻度，以方便监测员直接读数为原则。在人工水尺的刻度上应标注不同的警戒水位，以便观测员观测报警。简易监测水位检测站技术要求如下：

① 在岸边修建简易的水尺桩，水尺桩采用预制构件，高度不得低于安装所在地的历史最高水位；

② 对于无条件建桩的监测站，可选择在离河岸较近的固定建筑物或岩石上标注水位刻度；

③ 水位监测尺的刻度以方便监测员直接读数为设置原则，刻度需雕刻在大理石上，并根据各监测点实际情况，标注预警水位。

图 6.4.2　简易水位检测站建设示意图

6.4.3　人工预警设备

　　人工预警设备主要是指责任人接收到报警要求或通过观测简易雨量、水位站的信息发现达到设置的报警阈值时,采用人工方式进行预警信息传送的设备,主要包括手摇警报器、锣、高频口哨等。

6.4.3.1　手摇警报器

各种手摇警报器如图 6.4.3 所示,参数通常如下:

① 传送距离:手摇警报器传送距离不得小于 500 m;

② 转速:鸣轮运转时转速在 2 000 r/min 以上;

③ 材质:铝合金;

④ 声音:最大声压级 120 dB(距警报器中心 2 m 处);速度达到初级转速(50～80 r/min)时,声音能达到 110 dB,最大音响传距 1 km(在无其他噪音和障碍物影响时);

⑤ 质量:不低于 0.6 kg,若要求传送距离大于 1 000 m 的,质量不得低于 1.2 kg。

图 6.4.3 手摇警报器

6.4.3.2 铜锣

铜锣(图 6.4.4)参数要求如下:

图 6.4.4 铜锣

① 材质:响铜;
② 直径:不小于 46 cm;
③ 质量:不小于 3.6 kg;
④ 传输距离:不小于 500 m(空旷区域)。

6.4.3.3 口哨

口哨(图 6.4.5)参数要求如下:

图 6.4.5　高频口哨

① 材质:不锈钢;

② 声音频率:3 000 Hz;

③ 最大声压级:120 dB;

④ 传输距离:不小于 300 m(空旷区域)。

第7章 群测群防

群测群防体系是山洪灾害防治非工程措施体系建设的重要内容,其与专业监测预警系统相辅相成、互为补充,共同发挥作用,形成"群专结合"的科学防治体系。建设内容主要包括建立健全责任制体系、县/乡/村山洪灾害防御预案编制、宣传、培训、演练等。

7.1 责任制体系完善

按照行政首长负责制,建立县包乡、乡包村、村包组、组包户、党员干部包群众的"包保"责任制体系,并与已有的社区管理体系相结合,实现网格化管理。指导山洪灾害危险区内的学校、景区、工矿企业等单位落实山洪灾害防御责任,与当地政府、防汛指挥机构建立紧密联系和沟通,确保信息畅通。

7.2 预案编制与修订

防灾预案是防御山洪灾害实施、指挥、决策、调度和抢险救灾的依据,是基层组织和人民群众防灾、救灾各项工作的行动指南。山洪灾害防灾预案分为县级、乡(镇)级和村级三级,各级预案的编制要结合山洪灾害调查评价的成果,按照《山洪灾害防御预案编制导则》(SL 666—2014)的要求开展。

7.2.1 县级预案

县级预案编制的主要内容包括总则、区域基本情况、防御区域划分、组织指挥体系、监测预警、人员转移安置、抢险救灾、保障措施等八大部分以及相关附件,每部分编制要求如下:

1. 总则

总则主要是交代清楚预案编制目的、编制依据及编制原则,明确预案的服务对象、服务年限及编制、审批单位等。

2. 区域基本情况

基本情况部分要将预案服务区域的自然、经济社会基本情况、历史洪涝、山洪灾害情况、现状等阐述清楚。自然、经济社会的交代要简明扼要,要突出对历史灾害情况及防灾现状进行分析,找出区域内山洪灾害的主要类型、发生频次、成灾原因及当前防灾体系存在的薄弱环节等。

3. 防御区域划分

根据区域内山洪灾害的形成特点,在山洪灾害调查评价成果的基础上,结合气候和地形地质条件、人员分布等,分析山洪灾害可能发生的类型、程度及影响范围,划分安全区、危险区。绘制包含危险区、安全区、转移路线等关键要素的山洪灾害风险图,成图比例尺应不小于 1∶10 000,危险区用红色标识,安全区用绿色标识。要明确标示出危险区内居民点、工矿企业、学校、铁路、公路、桥梁等重要保护对象,标明撤离路线、警报类型、应急电话、避险位置等。

4. 组织指挥体系

完善组织指挥体系的结构,明确监测、信息、转移、调度、保障等 5 个工作组及应急抢险队的分工和人员。

5. 监测预警

根据山洪灾害调查评价成果,确定境内可能发生山洪灾害的临界雨量值及溪河水位值,以此作为作为预警启用条件,制定监测计划,明确内容及监测要求。

6. 人员转移安置

确定需要转移的人员,制定好转移路线、安置地点,汛期必须经常检查转移路线、安置地点是否出现异常;填写群众转移安置计划表,绘制人员转移安置图。人员安置要因地制宜地采取集中、分散等方式,并制定当交通、通信中断时,乡、村(组)躲灾避灾的应急措施,转移工作采取县、乡(镇)、村、组干部层层包干责任的办法实施,明确转移安置纪律,统一指挥、安全第一。

7. 抢险救灾

内容包括发生险情后的上报方案、组织应急抢险队投入抢险救灾的方案;紧急情况下如何强制征调车辆、设备、物资等的方案;对可能造成新的危害的山体、建筑物等的专门监测、防御方案;发生灾情时被困人员迅速转移到安全地带的方案;紧急转移人员的临时安置方案;灾区卫生防疫、水、电、交通、通信等基础设施修复方案等。

8. 保障措施

从汛前准备、宣传培训、纪律和制度等方面提出具体要求,确保预案的科学性和可操作性。汛前,县、乡(镇)对所辖区域进行全面普查,发现问题登记造册,及时处理,同时要利用会议、广播、电视、墙报、标语等多种形式加强宣传培训,并开展必要的演练,确保相关人员熟悉预案的内容。同时,为及时、有效地实施预案,需制定相应的工作纪律,以确保各项工作落实到实处,一般包括:各责任人执行职责纪律、紧急转移纪律、灾民安置纪律等。

9. 附图

包括山洪灾害防御基本情况示意图,历史山洪、泥石流、滑坡等灾害点分布图,山洪灾害风险图,人员转移安置图等。

10. 附表

包括经济社会基本情况统计表、历年山洪灾害损失情况表、危险区基本情况表、监测站点分布表、群众转移安置计划表。

7.2.2　乡(镇)级预案

各乡(镇)的防汛部门在县水行政主管部门的业务指导下负责完成本乡(镇)境内的山洪灾害防御方案的编制和修订,同时要会同安徽省水利厅指导本乡(镇)境内的村级山洪灾害防御方案的修订。乡(镇)级山洪灾害防御预案的编制与修订内容主要包括乡镇基本情况、危险区和安全区、组织指挥体系、预警方式、转移安置、抢险救灾、保障措施等,乡(镇)级预案每部分内容要求如下:

1. 基本情况

区域内的自然和经济社会基本情况、近期山洪灾害的类型及损失情况、近期山洪灾害的成因及特点。

2. 危险区和安全区

完善辖区内危险区和安全区,绘制山洪灾害简易风险示意图,标示危险区、安全区。

3. 组织指挥体系

包括乡(镇)级、村级防御组织机构人员、职责及联系方式。

4. 预警方式

根据山洪灾害调查评价结果,确定预警临界值、预警启动机制及预警发布流程和发送方式。

5. 转移路线和安置

完善和确定需要转移的人员,制定好人员转移安置方案,对重点区域绘制好人员紧急转移路线图,明确转移安置纪律。

6. 抢险救灾

完善抢险救灾方案,建立抢险救灾工作机制。

7.2.3　行政村一级预案

行政村一级山洪灾害防御预案编制的主要内容要求如下：

① 划分辖区内山洪灾害危险区和安全区,统计危险区人数；

② 明确、落实村级防御组织机构人员及职责；

③ 确定预警、转移和安置的程序及方式；

④ 确定具体的转移路线及方式；

⑤ 安排日常的宣传和群测群防工作。

7.3　宣　　传

山洪灾害防御知识宣传是山洪灾害防御的重要环节。有效的宣传,可以提高各级防汛责任人以及广大人民群众对山洪灾害危害性和突发性的认识,熟知并掌握山洪灾害发生、发展的主要特点和防御基本知识,对增加山洪灾害防御工作的责任意识,提高山洪灾害发生时的自救、互救能力有十分重要的意义。

7.3.1　山洪灾害防御知识宣传栏

山洪灾害防御知识宣传栏应设立在居民集中的地方,以方便群众和基层工作人员了解、掌握山洪灾害防御的相关知识和有关规定,具有很好的宣传作用。

7.3.1.1　版面内容要求

宣传栏版面要求内容丰富,至少应包括以下内容：

① 山洪灾害的危害；

② 山洪灾害的形式及特征；

③ 群众如何正确避险；

④ 山洪灾害的防治措施；

⑤ 山洪灾害预警流程；

⑥ 正确识别山洪灾害防御预警信号。

7.3.1.2　样式及选材

山洪灾害防御宣传栏底板为 8 mm 厚的 PVC 板。根据安装条件、要求不同,可做成挂式和立柱式两种。挂式宣传栏采用膨胀螺钉悬挂固定在墙上,立柱式则通过焊装两边立柱固定在地上。

　　① 挂式和立式宣传栏版面样式如图 7.3.1 所示,宣传栏尺寸应不小于 2 m×1.2 m(长×宽)。

　　② 挂式宣传栏用不锈钢包边,顶部设两个挂扣,底部设两个暗扣,以此固定在墙上;立柱式宣传栏主板两边各焊接一根直径为 5.1 cm 的不锈钢管,并挖坑(深度为 60 cm,直径为 50 cm)固定,回填材料为混凝土。

图 7.3.1　宣传栏版面样式示意图

7.3.1.3　制作工艺及安装要求

1. 制作工艺

　　宣传栏框架用方通焊接,5 cm×5 cm×2 cm 不锈钢包边;8 mm 厚 PVC 底板牢靠固定在框架上;户外用版面粘贴要平顺、饱满。制作好的宣传栏要用纸板或包装布包好,以免在运输过程中损坏。

2. 安装要求

　　安装悬挂式宣传栏(图 7.3.2)时,要选择可靠、平整的墙面;宣传栏底边离地面高度约 1.2 m;用电钻在墙上钻孔,分别安装膨胀钩和膨胀钉,通过宣传栏底部的挂扣和底部的暗扣,牢牢固定住。安装立式宣传栏(图 7.3.3)时,挖坑深度为 60 cm,直径为 50 cm,回填材料用混凝土,安装要平直,不得歪斜。

　　宣传栏的安装位置应选择在危险区中人流量大、广告集中张贴的地方,例如村委、活动中心、广场附近等处的墙面或地上。

图 7.3.2　悬挂式宣传栏安装示意图

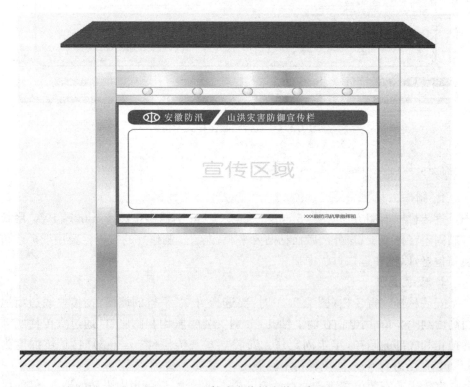

图 7.3.3　立柱式宣传栏安装示意图

7.3.2　山洪灾害防御警示牌

山洪灾害防御警示牌是一种能够让山洪灾害防治区内群众知晓危险区具体位置和相应的转移路线、临时安置点,了解山洪发生时各种预警信号发送形式的警示性宣传工具。

7.3.2.1　版面内容要求

警示牌的版面必须标明以下内容(图 7.3.4):

① 标明山洪灾害区名称、所在行政村以及所属小流域;

② 标明临时安置点名称、位置以及转移路线;

③ 明确转移预警信号,包括准备转移和立即转移的预警信号;

④ 标绘危险区、临时安置点及转移路线示意图;

⑤ 落款为县(市、区)防汛抗旱指挥办公室。

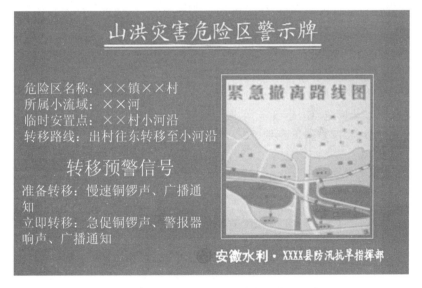

图 7.3.4　山洪灾害防御警示牌版面内容示意图

7.3.2.2　样式及材质要求

① 立柱采用坚固耐用的 304 不锈钢管,规格为 Ø51 mm×1.0 mm,即直径51 mm,厚度 1.0 mm;不锈钢管长 6 m,每个警示牌用一根,对半分为各长 3 m 的两根立柱;埋入地下深 0.5 m,地面上高度 2.5 m;

② 警示牌框架采用宽 47 mm 的不锈钢条焊接,框架大小为 1 294 mm×994 mm。面板采用 1.0 mm 厚的不锈钢板制作,扣除边框遮盖部分,中间版面净高 900 mm、宽

1 200 mm；

③ 警示牌版面表面为反光膜材质,反光膜是采用特殊工艺将由玻璃微珠形成的反射层和 PVC、PU 等高分子材料结合而形成的一种新颖的反光材料,耐久性好,在光源照射下能产生强烈的反光效果,常用于高速公路交通标志、警告标志和指示标志；

④ 警示牌版面颜色统一为天蓝色底色、白色文字、彩色转移示意图。

7.3.2.3　制作工艺及安装要求

1. 构造工艺

不锈钢面板,不锈钢压边、围边,不锈钢撑杆,焊接。

2. 版面工艺

要求反光膜的材料可靠耐久,印制清晰,色彩鲜艳丰富,压贴在不锈钢面板上面要平整,不能有气泡和褶皱。

3. 焊接工艺

以氩弧焊将空气隔离在焊区之外,防止焊区氧化,以保护焊区不致生锈。

4. 抛光工艺

机械抛光。

5. 安装要求

树立撑杆时挖坑深度为 60 cm,直径为 40 cm,回填材料用混凝土。安装要平直,不得歪斜。安装地点应选择安装在危险区中人流量大、固定且显眼的地方,例如村头、进村路旁、村委附近等地(图 7.3.5)。

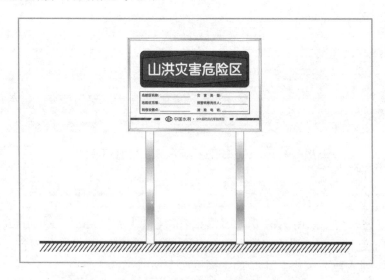

图 7.3.5　山洪灾害防御警示牌安装方式示意图

图 7.3.5　山洪灾害防御警示牌安装方式示意图(续)

7.3.3　山洪灾害防御标识

7.3.3.1　转移路线指示标识

转移路线指示标识的一般要求如下：

① 在山洪灾害危险区人员转移路线上的醒目位置布设人员转移路线指示标识；

② 转移线路指示标识应标明转移方向、转移范围、责任人、避险安置点名称、联系电话等。

转移路线指示标识的设计要求如下：

① 转移路线指示标识应直观地表明转移地点和方向,制作材料应能满足夜间使用的要求；

② 转移路线指示标识由标题名称、转移指示、避灾安置点名称、文字区域、辅助图案、落款栏等部分组成；

③ 转移路线指示标识一般不小于 100 cm×70 cm,详见图 7.3.6。

转移路线指示标识的制作安装要求如下：

可采用户外立牌、墙面挂牌、墙面喷涂等形式,一般以墙面喷涂为主。

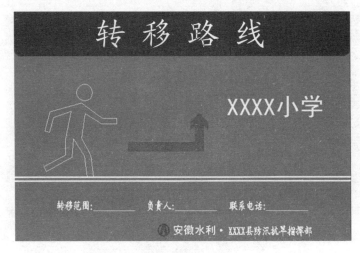

图 7.3.6　人员转移路线指示牌示意图

7.3.3.2　避灾安置点标识

避灾安置点标识的一般要求如下：

① 在划定的避灾安置区域醒目位置设置避灾安置点标识；

② 避灾安置点标识应标明避险安置点名称、安置范围及转移安置负责人。

避灾安置点标识的设计要求如下：

① 避灾安置点标识应清晰、醒目；

② 避灾安置点标识由标题名称、避险标识、文字区域、辅助图案、落款栏等部分组成；

③ 避灾安置点标识的面积一般不小于 100 cm×70 cm，详见图 7.3.7。

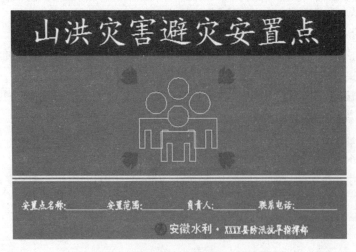

图 7.3.7　避灾安置点标识示意图

避灾安置点标识的制作安装要求如下:

可采用户外立牌、墙面挂牌、墙面喷涂等形式。

7.3.3.3 特征水位标识

特征水位标识的一般要求如下:

① 在危险区临河或跨河建筑物醒目处,应布设特征水位标识;

② 特征水位包括历史最高洪水位、某一特定场次洪水位、预警临界水位等。

特征水位标识设计要求如下:

① 特征水位标识应直观、醒目、不易腐蚀,预警临界水位标识应满足夜间使用要求;

② 历史最高洪水位、某一特定场次洪水位特征水位标识由徽标、布设单位、辅助图案、标题名称、水位线、水位值、日期等部分组成,参见图 7.3.8;

图 7.3.8 特征水位标识示意图

③ 特征水位标识的尺寸应根据实际情况确定。

特征水位标识的制作安装要求如下:

主要采用墙面喷涂等形式。

7.3.3.4 设备、设施标识

设备、设施标识的一般要求如下:

① 在野外的检测预警设备、设施适当位置,应制作防盗、防破坏的设备、设施标识。

② 设备、设施标识内容应采用简短的警示性文字,如"防汛设施,严禁破

坏"等。

设备、设施标识的设计要求如下：

① 文字简洁，警示性强，清晰、醒目；

② 设备、设施标识尺寸可根据设备、设施大小确定。

图 7.3.9　设备、设施标识示意图

设备、设施标识的制作安装要求如下：

可以用铭牌、不干胶、喷涂等形式固定于设备、设施上或设备、设施旁。

7.3.3.5　其他常用标识制作

① 安全区铁牌：尺寸 1 m×0.8 m，蓝底、白字（图 7.3.10）；

② 危险区铁牌：尺寸 1 m×0.8 m，蓝底、红字（图 7.3.11）；

③ 转移方向铁牌：尺寸 1 m×0.8 m，蓝底，白字（图 7.3.12）。

图 7.3.10　安全区铁牌

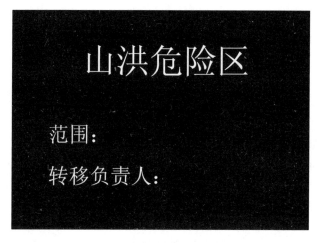

图 7.3.11　危险区铁牌

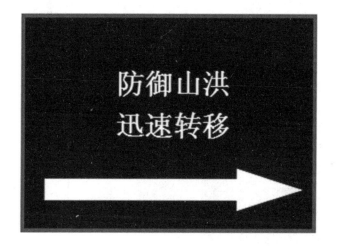

图 7.3.12　转移方向铁牌

7.3.4　山洪灾害防御宣传画册

山洪灾害防御宣传画册是一本集合山洪灾害防御相关照片的图文集。通过图片及相应的文字说明,准确阐明山洪灾害防御的基本知识。

7.3.4.1　版面内容要求

山洪灾害防御宣传画册主要以图片为主、文字注解为辅的形式呈现主题,应包含以下两个层次的内容:

1. 科学防治

展示近年来山洪灾害防治项目建设照片,从而展现出山洪灾害来临时人民群众在政府职能部门的统一引导下安全转移,确保生命财产安全的全过程。

2. 人与自然和谐相处

强调人类活动对自然的破坏加剧了山洪灾害的发生。以图片的形式,提示人们要保护好赖以生存的生态自然环境,杜绝侵占河道、堆砌渣土、乱砍滥伐等行为。

7.3.4.2　样式及选材

1. 宣传画册样式

画册样式应满足整体造型美观大方、内容简洁明了、开本大小便于携带等条件。以山洪灾害防治的画面为封面底图,设计上要能够突出明确山洪灾害防御知识的主题。

2. 设计尺寸

145 mm×210 mm。

3. 宣传画册材料的选择

封面采用300 g铜版纸(质地挺括有韧性,色彩饱和度及光泽度好)印制,单面过亚膜,胶订,正常墨色彩色印刷。内文采用128 g铜版纸印刷(页面光泽度好、韧性佳)。

参考样式如图7.3.13所示。

图 7.3.13　宣传画册示意图

7.3.5 山洪灾害防御明白卡

山洪灾害防御明白卡,是山洪灾害危险区内群众家家户户必备的资料。明白卡上应标明危险区的位置及其相应的临时安置点、转移路线、当地防御机构负责人姓名和联系方式以及明确的转移信号等。

7.3.5.1 内容要求

山洪灾害防御明白卡需要标明以下内容:
① 标明山洪灾害危险区名称,所在乡(镇)、行政村及所属小流域;
② 危险区内户主姓名及家庭人口情况;
③ 临时安置点名称、位置及转移路线;
④ 防汛负责人姓名、联系方式及各种预警信号形式等。

7.3.5.2 样式

山洪灾害防御明白卡配以主题图片,突出山洪灾害防御、紧急避险的主题。版面上标明各种预警信号的形式,并预留位置以书写危险区名称、临时安置点、转移路线、防汛负责人等信息。明白卡的样式可兼顾其他用途,如印制年历等,使明白卡更加实用,让危险区居民愿意保存或贴挂(图 7.3.14)。

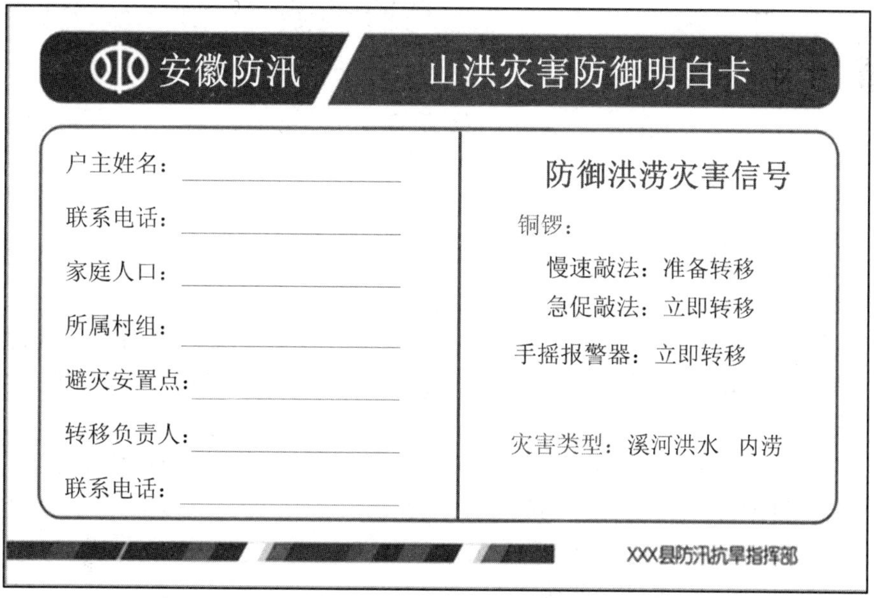

图 7.3.14 山洪灾害防御明白卡样式示意图

7.3.5.3　材料及制作

山洪灾害防御明白卡应以铝塑板、PVC 等材料进行制作,参考尺寸为高580 mm,宽 420 mm。布设于房屋醒目处,一般可固定在每户正门侧,安装位置参见图7.3.15。

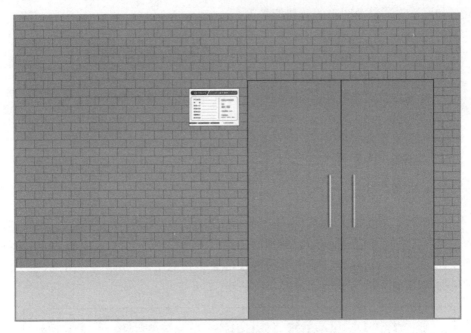

图7.3.15　山洪灾害防御明白卡安装示意图

7.3.6　其他宣传方式

除了上述基本的宣传资料和宣传方式外,还可以制作内容丰富、图文并茂的宣传材料,开展多样式、多角度的宣传活动,例如年历画、挂图等(图 7.3.16)。

同时,各县可利用已有的山洪灾害宣传 DVD、《预警山洪》专题片,或另行制作的公益广告、宣传片等,在网络、广播、电视等媒体上不定期播放,以达到扩大宣传的目的。

总之,山洪灾害防御宣传是一项长期的工作。应采用形式多样、内容丰富的宣传手段,持续地普及山洪灾害防御常识,使群众熟悉山洪灾害危险区域,熟悉预警信号和转移路线,提高群众的主动防灾避灾意识,增强自救互救能力,最大限度降低灾害来临时的人员和财产损失。

图 7.3.16　其他宣传方式

7.4　培　　训

培训对象和培训内容如下。

7.4.1　山洪灾害专业知识培训

对县、乡(镇)山洪灾害防御指挥部人员、责任人、监测人员、预警人员、片区负责人进行山洪灾害专业知识培训,明确各自职责,提高各级干部的防灾意识,提高领导干部特别是基层领导干部的应急反应和组织指挥能力,熟悉山洪预警系统的运行操作流程,确保指挥系统正常、有效运转。

培训分期分批举办,培训主要内容为山洪灾害基本知识、山洪灾害形势分析、山洪灾害成因及特点、如何防御山洪灾害以及山洪预警系统的运行操作流程等。

7.4.2　山洪灾害监测预警系统技术及运行维护培训

对山洪灾害监测预警系统技术人员进行培训,培训主要内容为山洪灾害监测预警系统组成及技术、监测预警平台或信息终端使用与维护、计算机网络故障诊断和处理方法、自动监测站操作维修与运行管理、简易监测站观测及报汛等技术培训,以保障监测预警系统的正常运行。

7.4.3　监测人员培训

组织对乡镇、村组监测人员进行技术培训,培训内容主要为简易监测站、人工监测站监测人员进行雨量和水位观测方法、山洪预警信息传输、预警信息传递方法等,提高山洪灾害监测的可靠性和准确性。

7.4.4　信息员培训

组织对乡镇、村组信息员、信号发布员进行技术培训,培训内容主要为信息收集、整理方法,预警信号发布方式、方法等,保障群测群防工作有序、高效开展。

由省防办统一组织对县级技术人员进行山洪灾害监测预警系统技术及运行维护培训,其他培训由县级防汛部门统一组织,可采取召开培训会议的形式进行,以能使各类人员熟练掌握有关知识为准,必要时增加培训次数。

7.5　演　　练

山洪灾害监测预警系统建成后,由各乡(镇)山洪灾害防御指挥部在山洪灾害防治区组织开展1~2次山洪灾害避灾演练,确保在险情出现时,能有领导、有组织、有秩序地按预定路线撤离,即使在电力、通信中断的情况下也能按预定应急报警措施进行预警,保证群众不乱阵脚,安全转移,确保人民生命安全。

7.5.1　演练内容

演练内容应包括监测预警、预警发布、应急响应、险段巡查、提前转移、交通疏导、人员撤离、救灾安置等科目,以检验"乡自为战、村组自救、预警到户、责任到人"的防御山洪灾害工作机制及群测群防体系建设成效,全面提高山洪灾害防御实战能力。

7.5.2　演练对象

演练对象应包括村山洪灾害防御工作小组、抢险队、危险区群众及村确定的"六大员"，即雨量观测员、水位观测员、危险部位巡查员、手动警报器报警员、鸣锣员、鸣哨员。演练应尽量真实地模拟应对和处理突发山洪灾害的全过程，以提高各级政府和有关部门对突发山洪灾害的应急反应能力，提高人民群众的防灾避灾意识为目的。

7.5.3　演练标准

安徽省山洪灾害防治区各乡（镇）、学校每年至少举办一次演练。

7.5.4　演练流程

各乡（镇）山洪灾害避灾演练流程应按下述步骤进行：

① 自动监测预警系统发出警报；

② 在第一时间，县防汛指挥部召开汛情会商会议，总指挥随即下达转移撤离指令，相关责任部门火速行动；

③ 各乡（镇）接到撤离命令之后，通过无线预警广播、学校预警设备、手摇报警器、锣鼓口哨等方式，通知危险区群众撤离；

④ 救援车辆抵达灾区，在工作人员组织下，转移群众陆续上车，对行动不便的老人，要组织年轻力壮的抢险队员专门负责，交通部门对交通进行疏导，以保证救援车辆顺利通行；

⑤ 转移车辆按指定的逃生路线到达安置点后，医务人员迅速开始医疗服务，以保证群众安全和健康；在村民临时安置点，相关部门责任人要做好转移人数核查工作。

演练过程应全程摄像，制作成山洪灾害防御宣传资料，在当地电视台黄金时段播放；并刻录成光盘，发送到各乡（镇）有关部门，定期组织群众观看，以期取得更好的宣传效果。

演练结束后，各乡（镇）要认真总结演练的经验和不足，加快建立各级、各类突发事件救援工作的配合机制，提高各类人员应对突发事件的能力，确保人民群众生命财产安全。

第 8 章　系统运行维护

对山洪灾害防治非工程措施已建成项目的运行维护,应采用每年常规性运行维护和定期集中运行维护相结合的模式。

8.1　常规性运行维护

山洪灾害防治非工程措施的常规性运行维护,主要是对信息监测站、监测预警平台和预警信息发布设备等进行日常维护。主要维护内容如下:

8.1.1　信息监测站

1. 基本要求

为避免信息监测站因监测目标高程发生变化、设备被人为破坏等原因造成的数据采集不准确、监测画面不符合标准的问题,应组织人员按照下列要求进行日常巡查。

① 借助监测预警发布平台,每天对信息监测站远程巡查一次,掌握自动监测设备(自动雨量、水位、图像、视频监测站)运行状态,保证设备基本完好,保证数据能采、能传、能信;

② 每天对发现的故障进行统计,并初步判断原因,上报处理;

③ 每月对现场监测设备进行抽查,抽查比例为 5%,确认安全标识完好,及时排除漏电、跌落、火灾等安全隐患。

2. 其他要求

① 每天核实数据卡费用余额,保障通信畅通;

② 不定期核查周边环境变化情况,判断是否符合原设计要求;

③ 跟踪历史故障处理情况,重大问题要及时反馈给相关人员或部门。

8.1.2　监测预警平台

1. 基本要求

为保证监测预警平台基本功能的正常使用,运行维护应满足以下基本要求:

① 每天查看设备运行情况。包括服务器、交换机、路由器、防火墙、短信群发、传真群发机等设备,主要设备应工作正常。信息传输畅通,供电保障良好;

② 每天登录软件,浏览无卡顿,监测、预警、查询等主要软件功能模块运行正常,监测数据真实有效,预警信息显示及发布正常;

③ 每天核查基础资料,若有变化,应及时更新,确保危险区责任人联系方式、预警指标、设备信息完整有效。

2. 其他要求

① 每天进行信息共享查询,利用平台应用软件应可正常查询辖区内的水文、气象部门自动监测站点的监测信息;

② 每周进行视频会商系统测试,大屏幕投影系统、音响系统、视频会议控制系统应运行正常,与省、市及乡(镇)视频会商系统联调测试应正常;

③ 每天确认机房环境正常,机房室内温度保持在 15～30 ℃,相对湿度保持在 40%～60%;防止灰尘及不良气体侵入室内;切实做好防火、防水、防虫鼠、防震、防盗等工作,保证备份电源有效,确保通信设备供电正常;确认避雷设备运行可靠,接地良好;

④ 每天监控网络运行情况,定期备份、查看安全日志,分析网络安全事件,弥补网络漏洞,排除网络安全设备故障,修复、更换出现故障的零部件等,确保网络安全。

8.1.3　预警信息发布设备

1. 基本要求

预警执行环节运行维护主要任务,对已投入使用的防汛信息展播、无线预警广播、学校预警专用设备、简易预警设备等预警信息发布设备进行运行维护,要求应满足以下几点:

① 掌握预警信息发布设备的运行状态,应保证设备基本完好,保证预警信息数据能生、能传、能收;

② 对预警信息发布设备发现的故障进行统计,并初步判断原因,上报处理;

③ 保证现场设备安全标识完好,无漏电、跌落、火灾等安全隐患;

④ 对简易预警设备每半年进行一次巡查,保持监测设备刻度清晰、无生锈,定期进行刷漆、除锈处理,校核预警水位、阈值、预警等级等。

2. 其他要求

① 对设备和设施有效的看护管理;

② 对设备进行周期性的检查保养和检修;

③ 定期进行设备运行指标的测量和调整,对受损零部件及时修复和更换;

④ 对简易预警设备要保证设备内部整洁,外部无杂物遮掩,对设备紧固件进行检查,确保安装牢固。

8.2　定期集中运行维护

为更好地保障非工程措施项目的运行,在常规性运行维护的基础上,每年应对非工程措施项目各个系统和设备进行集中性全面的检查和测试,发现和排除故障隐患,更换存在问题的设备或部件。原则上所有的定期集中维护应在每年4月底前完成,设备维护说明书另有要求的,按照说明书要求实施运行维护。

8.2.1　信息监测站

每年4月底之前应对自动雨量监测站、自动水位监测站、视频/图像监测站以及数据接收处理等自动监测系统进行一次定期集中运行维护,运行维护内容及标准参见附录表 F.1。

8.2.2　监测预警平台

每年4月底之前应对监测预警发布平台进行一次定期集中运行维护,包括有线通信设备、网络互联设备、网络安全设备、计算机类终端及附属设备、视频会商系统、软件系统、短信预警设备、通信信道以及基础环境等。运行维护内容及标准参见附录表 F.1。

8.2.3　预警信息发布设备

预警执行环节的定期运行维护包括无线预警广播系统、入户报警设备、学校预警专用设备及其他人工预警设备等。

1. 无线预警广播定期集中维护

每年4月底之前应对无线预警广播设备进行一次断电重启运行、除尘,填写运行记录,观察设备运行状况、测试接口;更换零部件、处理修复故障。

2. 防汛信息展播设备定期集中维护

每年4月底前应对防汛信息展播设备进行一次断电重启运行、除尘,填写远行记录,观察设备运行状况、测试接口;升级软硬件;更换零部件、处理修复故障。

3. 学校预警专用设备定期集中维护

每年4月底前应对学校预警专用设备进行一次断电重启运行、除尘,填写远行记录,观察设备运行状况、测试接口;更新学校相关信息;升级支撑软件;处理修复故障隐患。

4. 其他人工预警设备定期集中维护

每年至少对铜锣、口哨、手摇报警器进行一次设备除锈、除尘、清洁、上油等维护工作。

8.2.4　群测群防体系

群测群防体系的定期运行维护包括防御预案修订、培训、演练以及宣传警示。

1. 防御预案修订定期集中维护

县、乡、村三级防御预案应每年修订一次，具体预案修订原则参照 SL—666 执行。

2. 培训定期集中维护

应每年举办一次山洪灾害防御培训，培训包括普通培训和专业培训两类。

（1）普通培训

对象为县范围内县级和乡镇（场）、村、厂矿等山洪灾害防治责任人员、县山洪灾害应急抢险队等相关人员，培训内容主要包括山洪灾害防御基础知识以及群测群防体系等相关内容。

（2）专业培训

对象为县、乡两级山洪灾害防御技术人员，培训内容主要包括系统各个环节软、硬件的日常使用和维护。

3. 演练定期集中维护

每年应开展一次山洪灾害演练，演练内容包括：熟悉预警信号、转移路线、临时安置点等，演练过程需全程录像。

4. 宣传定期集中维护

① 宣传栏以显示本区域内山洪灾害分布图、撤退转移路线图、安置点、预警方式、预警责任人名单及电话等信息为主，展示信息应每年更新一次；

② 明白卡以防治对象名称、各级负责人、避险地点、避险路线、联系电话等信息为主，保证每户 1 份，发现遗失随时补发；

③ 宣传手册以通俗易懂的语言缩写，内容图文并茂，宣传山洪灾害防治知识，每年应更新一次；

④ 宣传光碟内容包括山洪灾害的成因、危害、特点、防治组织机构、预警信号、避险注意事项、预警监测设施的保护等，每年应更新一次；

⑤ 警示牌内容主要包括标题、地点、灾害类型、受威胁村组、群众人数、预警方式、转移地点、制作单位、设置时间等，每年应更换一遍。

8.3　故障处理

　　山洪灾害防治非工程措施运行维护服务等级按照故障大小、故障类别(一般故障、重大故障)、响应时间等划分为一级、二级、三级、四级,其中最高级别为一级,具体指标划参见表8.3.1～表8.3.3。

表8.3.1　自动监测站设备运行维护等级一览表

服务等级 控制指标	一级	二级	三级	四级
数据偏差率	无数据	数据缺项	≤10%	≤5%
响应时间	即时响应	≤4 小时	≤12 小时	≤24 小时
受理时间	7×24 小时	7×24 小时	7×24 小时	法定工作时间
故障恢复时间	汛期≤1 天 非汛期≤1 天	汛期≤1 天 非汛期≤1 天	汛期≤1 天 非汛期≤2 天	汛期≤1 天 非汛期≤2 天
	一般故障≤1 天 重大故障≤1 天	一般故障≤1 天 重大故障≤1 天	一般故障≤2 天 重大故障≤1 天	一般故障≤2 天 重大故障≤1 天

　　注:1. 数据偏差率=有偏差数据数/全部数据数×100%。

　　　　2. 一般故障是指自动信息监测站能够工作、可以接收发送数据,但数据异常或不准确。

　　　　3. 重大故障是指监测站工作异常,无法采集、发送数据。

表8.3.2　监测预警平台运行维护等级一览表

服务等级 控制指标	一级	二级	三级	四级
系统设备可用率	≤80%	≤85%	≤90%	≤95%
服务受理时间	7×24 小时	7×24 小时	7×24 小时	法定工作时间
服务响应时间	即时响应	即时响应	≤1 小时	≤4 小时
故障恢复时间	汛期≤2 小时 非汛期≤4 小时	汛期≤4 小时 非汛期≤8 小时	汛期≤12 小时 非汛期≤36 小时	汛期≤36 小时 非汛期≤72 小时
	一般故障≤1 天 重大故障≤1 天	一般故障≤1 天 重大故障≤1 天	一般故障≤2 天 重大故障≤1 天	一般故障≤2 天 重大故障≤1 天

　　注:1. 系统设备可用率=系统可用设备数量/系统所有设备数量×100%。

　　　　2. 重大故障:监测预警发布平台重大故障为以下任一情况:

① 有线通信中断；

② 网络中断，无法互联；

③ 视频会议无法进行，与省、市、县(区)无法互联；

④ 短信预警设备无法发送预警信息；

⑤ 电源系统无法正常供电。

3. 一般故障：发布平台有异常情况，但尚不影响正常使用。

表 8.3.3　预警执行环节设备运行维护等级一览表

服务等级 控制指标	一级	二级	三级	四级
系统设备可用率	≤80％	≤85％	≤90％	≤95％
服务受理时间	7×24 小时	7×24 小时	7×24 小时	法定工作时间
服务响应时间	即时响应	即时响应	≤1 小时	≤4 小时
故障恢复时间	汛期≤2 小时 非汛期≤4 小时	汛期≤4 小时 非汛期≤8 小时	汛期≤12 小时 非汛期≤36 小时	汛期≤36 小时 非汛期≤72 小时
	一般故障≤1 天 重大故障≤1 天	一般故障≤1 天 重大故障≤1 天	一般故障≤2 天 重大故障≤1 天	一般故障≤2 天 重大故障≤1 天

注：1. 系统设备可用率＝系统可用设备数量/系统所有设备数量×100％。

2. 重大故障：预警决策设备无法发送预警决策信息。

3. 一般故障：预警决策设备有异常情况，但尚不影响正常使用。

8.3.1　信息监测站

1. 故障判断

自动监测系统如果发现自动雨量站、自动水位站、自动视频站/图像站的实时数据，出现以下情况则立即判断为系统故障：

① 自动雨量站、自动水位站、自动视频站/图像站在发信时段(不应超过 24 小时)内无数据，则可初步认定站点故障；

② 自动雨量站、自动水位站发送的数据与实际数据(可采用人工检测方式)偏差超过 10％，则可认定设备传感单元故障；

③ 若系统内所有站点均无数据，可初步判断通信故障；

④ 若系统内所有站点均无数据且通信正常，可认定软件系统故障。

2. 故障处理

① 应检查各设备的电源系统或者供电接口单元是否正常；

② 应观察设备运行的周围环境；

③ 应检查水位、雨量等数据准确度并进行校核；

④ 应检查设备通信是否正常，有无欠费情况；

⑤ 应对设备进行全面检查和测试,若发现故障单元和零部件,则应及时进行维修或更换。

3. 故障处理流程

自动监测系统典型故障处理流程,参见图 8.3.1。

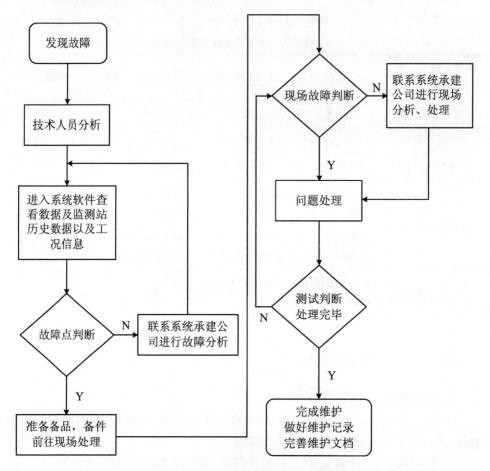

图 8.3.1　自动监测系统典型故障处理流程图

8.3.2　监测预警平台

1. 故障判断

分析系统运行状况,监测预警发布平台如果出现以下情况,则可以判断为系统故障:

① 有线通信障碍,网络无法互联;

② 水文、气象部门的自动监测站点信息无法实时共享;

③ 平台无法更新信息,预警指标、基础数据不完整;

④ 模拟出现山洪预警信息时,平台不能及时上报,不能发出预警;或者上报、发出预警滞后;

⑤ 视频会商无法运行,无法与省、市视频会商系统对接;

⑥ 采集的雨水情监测数据无法传输、入库,或者数据可以入库但是丢失率大于 5%。

2. 故障处理

① 应检查各设备的电源系统或者供电接口单元是否正常;

② 应检查各设备的运行是否顺畅,对故障设备进行维修和更换;

③ 应对有说明书的设备按照说明书进行处理;

④ 应对网络互联状况进行监测,分析网络安全事件,及时弥补网络漏洞;

⑤ 应对各设备的接口进行观察、测试,排除故障端口;

⑥ 应对设备进行全面检查和测试,若发现故障单元和零部件,则及时进行维修或更换;

⑦ 应检查数据库接收处理软件运行情况,及时更新升级软件版本。

8.3.3　预警信息发布站

1. 故障判断

① 无线预警广播无法发音,或者可以发音但是音量大小无法满足要求;

② 简易雨量站不显示读数,达到预警指标时无法及时报警;

③ 简易水位站特征水位线和标识不清晰,模拟水位上升达到预警指标。

2. 故障处理

① 应检查各设备的电源系统或者供电接口单元是否正常;

② 应现场测试无线广播,检查传输距离;用手机发送短信,验证短信能否正常播放;

③ 应检查简易雨量站、简易水位站的通信是否通畅,是否拖欠通信资费;

④ 应对设备进行全面检查和测试,若发现故障单元和零部件,则及时进行维修或更换。

8.3.4　设备更新

设备满足以下条件,可考虑更新,设备正常使用年限如表 8.3.4 所示。

① 达到规定的正常使用年限的;

② 未达到规定的正常使用年限,但维修后性能仍无法达到规定的技术标准要求的;

③ 设备损坏后维修费用超过建设费用或其现值 50% 的;

　④ 因观测位置或条件改变,设备、设施无法搬迁、搬迁不经济或失去使用价值的;

　⑤ 设备技术落后,无法满足新技术标准要求的;

　⑥ 按国家或行业主管部门规定应该淘汰的。

　报废的监测预警设备按照当地固定资产报废有关要求及时办理报废手续;符合更新条件但未完成更新的,需保证原有设备可正常使用(表 8.3.4)。

表 8.3.4　山洪灾害监测预警设备参考正常使用年限表

序号	设备名称	参考正常使用年限(年)	参考资料
1	浮子/压力/超声波/雷达/激光式水位计、其他水位计、电子水尺	8	水利行业标准:《水文基础设施及技术装备管理规范》(SL 415—2007)
2	水位信号有线、无线传输设备,水位数据记录显示、固态存储、读写设备及其他形式的存储器,水位信号遥测、遥控、远传系统设备	8	
3	雨量筒、自记遥测雨量计	10	
4	固态存贮记录器、写卡器、读卡仪类	10	
5	通信与数据传输设备:固定及移动公网音频、视频模拟及数字信号传输设备,固定及移动专用音频、视频模拟及数字信号传输设备,传真机、无线对讲机,各种频率无线电台等模拟及数字信号传输仪器设备,卫星通信及数据传输设备	6	
6	计算机、计算机网络及其外围设备:计算机、服务器、工作站、网关、路由器、计算机网络各种转接设备,打印机、扫描仪、数字化仪、绘图仪,摄录机、照相机、投影仪等多媒体信息输入输出设备	8	
7	简易雨量报警器	5	水利行业标准:《山洪灾害预警设备技术条件》(送审稿)
8	简易水位报警器	5	
9	无线预警广播	5	

8.4　维护费用测算

参照国家相关文件,结合安徽省实际,对山洪灾害防治非工程措施项目各项运行维护费用进行了测算,运行维护费用标准如下:自动雨量监测站 5 239 元/(站·年),自动水位监测站 5 564 元/(站·年),自动图像监测站 3 291 元/(站·年),自动视频监测站 13 213.8 元/(站·年),无线预警广播 2 997 元/(站·年),监测预警发布平台 77 010 元/年,详细测算明细见附录表 F.2。

附录　非工程措施定期集中运行维护内容及经费测算表

表 F.1　非工程措施定期集中运行维护内容

序号	维护名称		维护内容
1	自动监测系统	自动雨量监测站	1. 运行维护内容 ① 对设备加电、除锈、除尘; ② 对设备的运行状况进行观察,测试接口; ③ 硬件安装、测试、设置、升级,备份数据文件; ④ 更换电池等零部件、处理修复故障; ⑤ 其他影响设备正常运行的状况。 2. 运行维护标准 ① 自动雨量监测站设施、设备完好,雨量筒整洁、干净、无杂物,承雨口保持水平; ② 雨量传感器、传输单元、供电单元接口牢靠; ③ 蓄电池电压正常,RTU 运行状态良好,雨量传感器注水检验值与监测预警发布平台接收的数据值一致。
2		自动水位监测站	1. 运行维护内容 ① 对设备加电、除锈、除尘; ② 对设备的运行状况进行观察、测试接口; ③ 硬件安装、测试、设置、升级,备份数据文件; ④ 设施清淤; ⑤ 更换电池等零部件、处理修复故障; ⑥ 其他影响设备正常运行的状况。 2. 运行维护标准 ① 自动水位监测站设施、设备完好,水位测量井进水口没有被淤泥杂草等堵塞; ② 水位传感器、传输单元、供电单元接口牢靠; ③ 蓄电池电压正常,RTU 运行状态良好,水位传感器读数与人工读水位一致;本地读数与监测预警平台接收的数据一致。

序号	维护名称		维护内容
3	自动监测系统	自动视频监测站	1. 运行维护内容 ① 对设备加电、看护、除尘; ② 对设备的运行状况进行观察,测试接口; ③ 硬件安装、测试、设置、升级,光纤电路的连接测试及维护; ④ 更换支架等零部件,处理修复故障; ⑤ 其他影响设备正常运行的状况。 2. 运行维护标准 ① 视频/图像监测站设施、设备完好;摄像头、传输单元、供电单元接口连接牢靠; ② 设备运行状态良好、蓄电池电压正常;站点通信模块运行正常; ③ 视频/图像数据可正常上报至监测预警发布平台。
4		自动图像监测站	同上
5		数据接收处理	1. 运行维护内容 ① 对设备看护、除尘,观察设备运行状况,测试接口。 ② 安装、测试、设置前置机,硬件升级; ③ 处理修复故障; ④ 软件安装、修复、功能性测试,测试系统性能,功能性升级,更新资料数据; ⑤ 其他影响设备正常运行的状况。 2. 运行维护标准 ① 前置机、数据接收处理软件运行状况良好; ② 通过数据接收处理软件检查,自动监测站能按定时自报、事件加报的报汛工作体制实时上报数据; ③ 下发召测指令,自动监测站响应情况良好;自动监测站数据能实时入库并且上报。

序号	维护名称		维护内容
6	监测预警发布平台	有线通信设备	1. SDH 光传输设备 设备清洁除尘,检查设备、接口,处理修复故障,维护与管理网络,测试远程维护功能、光纤、网线、地线,测试及维护电源线的连接,填写运行维护记录。 2. 视频数字光端机 观察运行状态、测试接口、维护设备、设备防静电除尘、填写运行维护记录。 3. PDH 光端机 观察运行状态、测试接口、维护设备、设备防静电除尘、填写运行维护记录。 4. 单模光纤收发器 观察运行状态、测试接口、维护设备、设备防静电除尘、填写运行维护记录。 5. 多模光纤收发器 观察运行状态、测试接口、维护设备、设备防静电除尘、填写运行记录。 6. 光缆 熔接、测试光缆,处理修复故障,清洁与维护光缆配线架、光配线箱、光终端盒、法兰盘等,填写维护记录。
7		网络互联	1. 路由器设备 设备加电运行、看护、除尘,填写运行记录,观察设备运行状况、测试接口;检查数据流量、系统利用率等参数;设定访问控制列表,备份配置文件,更换零部件、处理修复故障等。 2. 交换机设备 设备加电运行、看护、除尘,填写运行记录,观察设备运行状况、测试接口;验证、调试系统硬件,更换故障零部件,处理修复故障等。 3. KVM 切换器设备 设备加电运行、看护、除尘,填写运行记录,观察设备运行状况、测试接口;更换零部件,处理修复故障等。

序号	维护名称		维护内容
8	监测预警发布平台	网络安全	1. 网络防火墙设备 设备加电运行、看护、除尘,填写运行记录,观察设备运行状况,测试接口;分析记录、检查网络安全事故、调整安全规则;分析网络安全风险、升级防火墙硬件、增加防火墙网络端口、更换机箱、更换通信模块;检查设备利用率、更换零部件、处理修复故障等。 2. 网络防毒墙设备 设备加电运行、看护、除尘,填写运行记录,观察设备运行状况,测试接口;分析记录、检查网络安全事故、调整安全规则;分析网络安全风险、升级防毒墙硬件、增加网络端口、更换机箱、更换通信模块;检查设备利用率、更换零部件、处理修复故障等。 3. 漏洞扫描设备 设备加电运行、看护、除尘,填写运行记录,观察设备运行状况,测试接口;分析记录、检查设备的系统利用率;检查网络安全事故、调整安全规则;定期扫描、硬件升级、更换零部件、处理修复故障。 4. 用户认证设备 设备加电运行、看护、除尘,填写运行记录,观察设备运行状况,测试接口;分析记录,检查网络安全事故,调整安全规则;设定认证用户资料、硬件升级、更换零部件、处理修复故障等。 5. 邮件过滤设备 设备加电运行、看护、除尘,填写运行记录,观察设备运行状况,测试接口;分析记录、过滤规则设定、更换故障零部件、处理修复故障等。 6. 其他网络安全设备 设备加电运行、看护、除尘,填写运行记录,观察设备运行状况,测试接口;分析记录、更换零部件、处理修复故障等。
9		计算机类终端及附属	1. 服务器设备 设备加电运行、看护、除尘,填写运行记录,观察设备运行状况,测试接口;服务器硬件测试、设置,备份配置文件;更换零部件,处理修复故障等。 2. 监控计算机用户终端 设备看护、除尘,观察设备运行状况,测试接口;计算机硬件安装、测试、设置、升级,备份系统文件;处理修复故障等。 3. 移动维护计算机用户终端 设备看护、除尘,观察设备运行状况,测试接口;计算机硬件安装、测试、设置、升级,备份系统文件;处理修复故障等。 4. 打印输出设备 设备加电运行、除尘,观察设备运行状况,测试接口;安装调试驱动程序、更换硒鼓、更换零部件、处理修复故障等。

续表

序号	维护名称		维护内容
9	监测预警发布平台	计算机类终端及附属	5. 存储服务器、NAS网络附加存储设备 设备日常检测、填写运行记录;检测、维护设备系统;设备日常清洁、防静电、除尘。 6. SAN架构、磁盘阵列硬件 设备日常检测、填写运行记录;检测、维护设备系统;设备日常清洁、防静电、除尘。 7. 传真服务器 设备看护、除尘,观察设备运行状况、测试接口;安装、测试、设置计算机硬件,升级硬件;处理修复故障等。
10		视频会商系统	1. 彩色摄像头 设备日常检测、填写运行记录;设备年检、常规维护、更换故障零部件、补充耗材;设备日常清洁、防静电、除尘。 2. 云台、视频服务器、编解码器 设备日常检测、填写运行记录;设备年检、常规维护、更换故障零部件、补充耗材;设备日常清洁、防静电、除尘。 3. 多画面切割器、视频会议终端 设备日常检测、填写运行记录;设备年检、常规维护、更换故障零部件、补充耗材;设备日常清洁、防静电、除尘。 4. 多点控制器、硬盘录像机 设备日常检测、填写运行记录;设备年检、常规维护、更换故障零部件、补充耗材;设备日常清洁、防静电、除尘。 5. 音频设备 设备日常检测、填写运行记录;设备年检、常规维护、更换故障零部件、补充耗材;设备日常清洁、防静电、除尘。 6. 大屏投影机 设备日常检测、填写运行记录;设备年检、常规维护、更换故障零部件、补充耗材;设备日常清洁、防静电、除尘。 7. 投影机、DLP背投单元 设备日常检测、填写运行记录;设备年检、常规维护、更换故障零部件、补充耗材;设备日常清洁、防静电、除尘。 8. LED显示屏 设备日常检测、填写运行记录;设备年检、常规维护、更换故障零部件、补充耗材;设备日常清洁、防静电、除尘。 9. 等离子、液晶显示器 设备日常检测、填写运行记录;设备年检、常规维护、更换故障零部件、补充耗材;设备日常清洁、防静电、除尘。

续表

序号	维护名称		维护内容
10	视频会商系统		10. RGB、AV 矩阵切换器 设备日常检测、填写运行记录;设备年检、常规维护、更换故障零部件、补充耗材;设备日常清洁、防静电、除尘。 11. 图像拼接控制器、视频展台图像拼接控制器 设备日常检测、填写运行记录;设备年检、常规维护、更换故障零部件、补充耗材;设备日常清洁、防静电、除尘。
11	监测预警发布平台	软件系统	1. 通用软件 对操作系统、办公软件、系统安全软件、数据库、网络管理软件、工具软件、中间件软件的版本升级;由软件厂商提供各种技术支持、修复软件功能性损坏等。 (1) 操作系统 操作系统的安装、升级、修复、更新,保持系统的安全稳定。 (2) 办公软件 办公软件的安装、升级、修复、更新,保持软件的安全稳定。 (3) 系统安全软件 系统安全软件的安装调试、修复、更新,定期查杀病毒、黑客程序、流氓软件等,升级软件,保持软件的安全稳定。 (4) 数据库软件 数据库软件的安装、修复、升级、检测维护、更新补丁,保持软件的安全性和稳定性。 2. 专用软件 专用软件的运行维护分为运行性维护和开发性维护:运行性维护是指对软件运行故障的检查和修复,定时检测软件功能,提供技术支持等;开发性维护是指对软件框架结构的小范围变更、改动、扩充,修正软件漏洞,修改软件功能。 (1) 单机版软件 安装调试、测试、修正软件功能,测试系统,升级功能。 (2) C/S 结构软件 安装、修正、测试,测试系统,升级功能。 (3) B/S 结构软件 安装、修复、测试软件功能,测试系统,升级功能,更新资料数据。 3. 数据维护 针对软件系统运行时的需要对数据进行修改、增加。

序号	维护名称		维护内容
12		短信预警设备	排除设备故障,修复、更换出现故障的零部件等,确保短信功能正常
13	监测预警发布平台	通信信道租赁	排除通信信道线路及设备故障,修复、更换出现故障的零部件等,确保信道畅通
		基础环境	1. 空调 设备日常检测、填写设备运行记录;设备年检、常规维护、更换零部件、补充耗材;设备日常清洁、防静电、除尘。 2. 机房维修、清洁、看护 机房维修、防尘处理,工具的配备、看护。 3. 电源系统 (1) UPS 蓄电池 每月一次均衡充电、日常检测、填写运行记录;设备年检、常规维护、更换零部件、补充耗材;清洁、防静电、除尘。 (2) UPS 电源 设备日常检测、填写运行记录;设备年检、常规维护、更换零部件、补充耗材;设备清洁、防静电、除尘。 4. 柴油、汽油发电机组 每月 1 次设备检测,试运行 1 小时,每月 2 次全功率运行 8 小时,填写设备日常运行记录;设备年检、常规维护、更换零部件、补充耗材。 5. 防雷、接地系统 防雷接地系统定期测试检测;常规维护、补充耗材。 避雷、防静电装置行业年度检测。

表 F.2　自动雨量监测站单站运行维护经费测算表

序号	项目	明细	数量	单价(元)	总价(元)	工作内容及说明	取费标准
1	运行费用	通信费	1	800	800	GPRS平台信道租赁定额标准为800元/(站·年)	按《山洪灾害非工程措施项目运行维护经费测算办法》的表3.1.1取费
2		委托看管费	1	120	120	聘请当地的居民看护仪器设备,防止设备被人为偷窃或损坏,10元/(站·月)	
3	维护费用	检定费	1	200	200	设备年检	
4		设施设备维护费	1	1 275	1 275	RTU主板、蓄电池、通信模块、雨量计钢簧管的修复和更换	
5	车辆运行费用	汽车里程费	3	288	864	汽车里程费(双程)按里程(km)×2×2.4元收取,综合考虑各站点的分布情况,里程平均按60 km计算	
6		路桥费	3	60	180	各站平均距离里程按60 km计算,路桥费按里程(km)×1(元)计算	
7	人员差旅费	生活补助	3	200	600	差旅补助按50元/(人·天)计算,全年维护3次,每次2天,每次维护需2人	按《山洪灾害非工程措施项目运行维护经费测算办法》的表7.1.1取费
8		住宿费	3	400	1 200	住宿费按100元/(人·天)计算,全年维护3次,每次2天,每次维护需2人	
合计					5 239		

注:本书所有计价单位为元(人民币)。

表 F.3 自动水位监测站单站运行维护经费测算表

序号	项目	明细	数量	单价(元)	总价(元)	工作内容及说明	取费标准
1	运行费用	通信费	1	800	800	GPRS 平台信道租赁定额标准为 800 元/(站·年)	按《山洪灾害非工程措施项目运行维护经费测算办法》的表 3.2.1 取费
2		委托看管费	1	120	120	聘请当地的居民看护仪器设备,防止设备被人为偷窃或损坏,10 元/(站·月)	
3	维护费用	检定费	1	600	600	设备年检	
4		设施设备维护费	1	1 200	1 200	RTU 主板、蓄电池、通信模块的修复和更换	
5	车辆运行费用	汽车里程费	3	288	864	汽车里程费(双程)按里程(km)×2 ×2.4(元)收取,综合考虑各站点的分布情况,里程平均按 60 km 计算	按《山洪灾害非工程措施项目运行维护经费测算办法》的表 7.1.1 取费
6		路桥费	3	60	180	各站平均里程按 60 km 计算,路桥费按里程(km)×1(元)计算	
7	人员差旅费	生活补助	3	200	600	差旅补助 50 元/(人·天)计算,全年维护 3 次,每次 2 天,每次维护需 2 人	
8		住宿费	3	400	1 200	住宿费 100 元/(人·天)计算,全年维护 3 次,每次 2 天,每次维护需 2 人	
合计					5 564		

表 F.4 自动图像监测站单站运行维护经费测算表

序号	项目	明细	数量	单价（元）	总价（元）	工作内容及说明	取费标准
1	运行费用	通信费	1	500	500	3G通信信道租赁定额标准为500元/（站·年）	按《山洪灾害非工程措施项目运行维护经费测算办法》的表3.3.1取费
2		材料费	1	260	260	运行耗材等	
3		委托看管费	1	120	120	聘请当地的居民看护仪器设备，防止设备被人为偷窃或损坏，10元/（站·月）	
4	维护费用	零部件费	1	210	210	支架等更换零部件等	
5		设施设备维护费	1	305	305	摄像头、RTU主板、蓄电池、通信模块的修复和更换	
6	车辆运行费用	汽车里程费	2	288	576	汽车里程费（双程）按里程（km）×2×2.4（元）收取，综合各悬占点的分布情况，里程平均按60 km计算	按《山洪灾害非工程措施项目运行维护经费测算办法》的表7.1.1取费
7		路桥费	2	60	120	各站平均距离里程按60 km计算，路桥费按里程（km）×1（元）计算	
8	人员差旅费	生活补助	2	200	400	差旅补助按50元/（人·天）计算，全年维护3次，每次2天，每次维护需2人	
9		住宿费	2	400	800	住宿费按100元/（人·天）计算，全年维护3次，每次2天，每次维护需2人	
合计					3 291		

表 F.5　自动视频监测站单站运行维护经费测算表

序号	项目	明细	数量	单价(元)	总价(元)	工作内容及说明	取费标准
1	运行费用	通信费	1	10 000	10 000	10 MB 光纤租赁定额标准为 10 000 元/(站·年)	
2		材料费	1	260	260	运行耗材等	
3		电费	438	0.6	262.8	单位 kW·h	按《山洪灾害非工程措施项目运行维护经费测算办法》的表 3.3.1 取费
4		委托看管费	1	120	120	聘请当地的居民看护仪器设备,防止设备被人为偷窃或损坏,10 元/(站·月)	
5	维护费用	零部件费	1	300	300	支架等更换零部件等	
6		设施设备维护费	1	375	375	摄像头、编码器、供电系统、视频存储介质、光端机、安装基础支架、防雷接地等的修复和更换	
7	车辆运行费用	汽车里程费	2	288	576	汽车里程费(双程)按里程(km)×2×2.4(元)收取,综合考虑各站点的分布情况,里程平均按 60 km 计算	按《山洪灾害非工程措施项目运行维护经费测算办法》的表 7.1.1 取费
8		路桥费	2	60	120	各站平均距离里程按 60 km 计算,路桥费按里程(km)×1(元)计算	
9	人员差旅费	生活补助	2	200	400	差旅补助按 50 元/(人·天)计算,每次 2 天,每次维护 2 次,全年维护 2 次,每次维护需 2 人	
10		住宿费	2	400	800	住宿费按 100 元/(人·天)计算,每次 2 天,每次维护 2 次,全年维护 2 次,每次维护需 2 人	
合计					13 213.8		

表 F.6 无线预警广播站单站运行维护经费测算表

序号	项目	明细	数量	单价（元）	总价（元）	工作内容及说明	取费标准
1	运行费用	通信费	1	800	800	GPRS 通信信道租赁定额标准为 800 元/（站·年）	按《山洪灾害非工程措施项目运行维护经费测算办法》的表 3.3.1 取费
2		材料费	1	110	110	运行耗材等	
3		电费	35	0.6	21	单位 kW·h	
4		委托看管费	1	120	120	聘请当地的居民看护仪器设备，防止设备被人为偷窃或损坏，10 元/（站·月）	
5	维护费用	零部件费	1	150	150	支架等更换零部件等	
6		设施设备维护费	1	100	100	喇叭、话筒、电源、电源避雷器、防雷接地等的修复和更换	
7	车辆运行费用	汽车里程费	2	288	576	汽车里程费（双程）按里程（km）×2×2.4（元）收取，综合考虑各站点的分布情况，里程平均按 60 km 计算	按《山洪灾害非工程措施项目运行维护经费测算办法》的表 7.1.1 取费
8		路桥费	2	60	120	各站平均距离里程按 60 km 计算，路桥费按里程（km）×1（元）计算	
9	人员差旅费	生活补助	2	100	200	差旅补助按 50 元/（人·天）计算，每次 1 天，每次维护 2 次、全年维护 2 次，每次维护需 2 人	
10		住宿费	2	400	800	住宿费按 100 元/（人·天）计算，每次 1 天，每次维护 2 次、全年维护 2 次，每次维护需 2 人	
合计					2 997		

表 F.7　监测预警发布平台运行维护经费测算表

序号	项目	明细	数量	单价(元)	总价(元)	工作内容及说明	取费标准
1	运行费用	电费	1 760	0.6	1 056	县级监测预警平台各硬件运行电费	按《山洪灾害非工程措施项目运行维护经费测算办法》的表 3.4.1 取费
2		数据库软件运行费	1	2 050	2 050	安装、修复、升级、检测维护、更新补丁,保持软件的安全性和稳定性	按《山洪灾害非工程措施项目运行维护经费测算办法》的表 4.6.1.4 取费
4		数据维护费	1	60 000	60 000	针对软件系统运行时需要进行数据的接收、修改、增加等	按《山洪灾害非工程措施项目运行维护经费测算办法》的表 4.6.3 取费
5	维护费用	设备维护费	1	4 060	4 060	数据接收共享前置机 360 元/年,路由器 900 元/年,SDH 光传输 400 元/年,交换机 900 元/年,服务器 1 000 元/年,打印机 500 元/年等	按《山洪灾害非工程措施项目运行维护经费测算办法》取费
6		更换零部件费用	1	7 000	7 000	光纤,2 MB 网线,地线,电源线,视频会商等更换零部件	按《山洪灾害非工程措施项目运行维护经费测算办法》取费
7	车辆运行费用	汽车里程费	3	288	864	汽车里程费(双程)按里程(km)×2×2.4(元)收取,综合考虑各站点的分布情况,里程平均按 60 km 计算	按《山洪灾害非工程措施项目运行维护经费测算办法》的表 7.1.1 取费
8		路桥费	3	60	180	各站平均距离里程按 60 km 计算,路桥费按里程(km)×1(元)计算	

续表

序号	项目	明细	数量	单价（元）	总价（元）	工作内容及说明	取费标准
9	人员差旅费	生活补助	3	200	600	差旅补助按 50 元/(人·天)计算，全年维护 3 次、每次 2 天、每次维护需 2 人	按《山洪灾害非工程措施项目运行维护经费测算办法》的表 7.1.1 取费
10		住宿费	3	400	1 200	住宿费按 100 元/(人·天)计算，全年维护 3 次、每次 2 天、每次维护需 2 人	
合计					77 010		

参 考 文 献

[1] 水利部,财政部. 全国山洪灾害防治项目实施方案(2013—2015)[R]. 2013.

[2] 段军棋,蒋丹. 远程视频监控系统的设计与实现[J]. 电子科技大学学报,2002(5):523-528.

[3] 马建明,刘昌东,程先云,等. 山洪灾害监测预警系统标准化综述[J]. 中国防汛抗旱,2014, 24(6):9-11.

[4] 张李荪. 基于 WebGIS 的山洪灾害预警信息系统设计[J]. 人民长江,2009,40(17):84- 85,93.

[5] 郭良,唐学哲,孔凡哲. 基于分布式水文模型的山洪灾害预警预报系统研究及应用[J]. 中 国水利,2007(14):38-41.

[6] 刘志雨. 山洪预警预报技术研究与应用[J]. 中国防汛抗旱,2012,22(2):41-45.

[7] 李昌志,孙东亚. 山洪灾害预警指标确定方法[J]. 中国水利,2012(9):54-56.

[8] 邱瑞田,黄先龙,张大伟,等. 我国山洪灾害防治非工程措施建设实践[J]. 中国防汛抗旱, 2012,22(1):31-33.

[9] 王文川,和吉,邱林. 我国山洪灾害防治技术研究综述[J]. 中国水利,2011,13(56):35-37.